Peter Wucherpfennig: gelernter Maurer, dann Bauingenieur und Architekt, später Lehrer der Fächer Arbeitslehre Technik/Wirtschaft und Physik an einer Gesamtschule; praktizierte den Einsatz von «sanften Energien» im Unterricht und ist mit Publikationen und Beratung auf diesem Gebiet tätig, u. a. Redaktion von «Energisch leben. Ein Handbuch der Alltagsökologie für Selbstversorger» (3. Auflage 1984); lebt in Hildesheim. Nach «Umwelt-Werkbuch» (Bd. 376) legt der Autor hiermit sein zweites rotfuchs-Buch vor.

Carmen Deinert: geb. 1965, studiert Kommunikationsgestaltung an der Fachhochschule in Hildesheim.

Peter Wucherpfennig

Energie-Werkbuch

Basteln mit sanfter Energie

Bilder von Carmen Deinert

Rowohlt

rororo rotfuchs
Herausgegeben von Renate Boldt und Gisela Krahl

Originalausgabe
Veröffentlicht im Rowohlt Taschenbuch Verlag GmbH,
Reinbek bei Hamburg, April 1988
Copyright © 1988 by Rowohlt Taschenbuch Verlag GmbH,
Reinbek bei Hamburg
Umschlagillustration Peter Fuchs
rotfuchs-comic Jan P. Schniebel
Alle Rechte vorbehalten
Gesetzt aus der Times (Linotron 202)
Gesamtherstellung Clausen & Bosse, Leck
Printed in Germany
880-ISBN 3 499 20468 1

Inhalt

Energie zum Anfassen

Energiesparen ist sehr wichtig geworden, seit wir gemerkt haben, daß die Energiequellen der Erde nicht unerschöpflich sind. Doch während einerseits Energien eingespart werden, zum Beispiel Öl und Kohle, werden andererseits Energien verschwendet, zum Beispiel Strom. Die Hersteller von Strom und elektrischen Geräten sehen das nicht ungern. In der Industrie und in den Haushalten soll mehr Strom verbraucht werden, dafür weniger Öl und Kohle. Kaum noch gibt es mechanische Haushaltsmaschinen, und weil es ohnehin genug Strom gibt, kann er auch genutzt werden.

Wohl kaum jemand wird ein schlechtes Gewissen gegenüber seinen Mitmenschen bekommen, weil er das Licht brennen läßt. Energie ist kostbar und gehört jedem. Daß sie ohnehin nicht mit Geld zu bezahlen ist, merkt man spätestens, wenn einmal der Strom ausfällt. Beim Stromausfall muß auch der Reichste frieren, vorausgesetzt, er hat eine Elektroheizung. Die sind inzwischen sehr modern geworden. Zu verlockend ist die Möglichkeit, mit nur einem Kabel sauber und platzsparend Wärme ins Haus zu bringen. Verlockend vor allem für die Stadtwerke und die Kraftwerke. Für die Kraftwerke, die den Strom verkaufen, und für die Stadtwerke, die die Kabel verlegen.

Wärme aus Strom zu gewinnen ist ungefähr so sinnvoll, wie weiche Butter mit der Kreissäge zu schneiden. In der Rangfolge des Wertes von Energien steht Strom ganz oben und Wärme ganz unten. Wärme gibt es ja überall und sie kann auf viele Arten erzeugt werden. Strom herzustellen erfordert einen enormen Aufwand an Technik und ist schon deshalb teuer. Daß es auch noch gefährlich sein kann, haben wir beim Unglück in Tschernobyl erlebt.

Diese Energie, die mit Motoren Kraft erzeugen kann oder so nützliche Sachen wie Kühlschränke betreibt, diese Energie sollte nicht einfach verheizt werden. Nun wird beim Heizen zwar Nachtstrom genutzt, der billiger ist. Wehe aber, wenn nachts nicht genügend Wärme gespeichert wurde, dann wird tagsüber zusätzlich geheizt, und zwar mit Tagesstrom zu Tagespreisen. Wer da auf den Stromzähler schaut, geht gleich in Deckung, so schnell saust die Scheibe herum. Viele begreifen erst, wenn die Stromrechnung kommt, daß es richtiger Strom ist, den sie verheizt haben.

Auch du verheizt täglich Strom. Du brauchst nur die Glühlampe deiner Zimmerleuchte anzufassen. Licht wolltest du doch von der Lampe haben, oder? Auch Wärme hast du bekommen. Neunzig Prozent der Energie ist ungenutzte Wärme, die du natürlich auch bezahlen mußt.

Fast hundert Jahre alt sind diese Erfindungen. Daß selbst die komplizierten Atomkraftwerke noch den Strom nach dieser altertümlichen Art produzieren, das ist schon blamierend für unsere Stromtechniker. Im Gegensatz dazu hätte ein Rennwagen auf Holzrädern keine Chance. Doch bei der Stromproduktion mit Dynamos gibt es leider keine Konkurrenz. Dabei ist es ganz wichtig, neue Wege der Stromerzeugung zu finden, die niemandem schaden. Keiner Umwelt, keinem Geldbeutel und keiner Gesundheit.

Spielzeuge zumindest gibt es, die diese hohen Ansprüche erfüllen können. In diesem Buch wird dir gezeigt, wie du sie selbst herstellst und dabei auf Batterien oder den Strom aus der Steckdose verzichten kannst. Sieh sie dir an, die Energien, die man hier anfassen kann. Da gibt's keinen elektrischen Schlag und keine Stromrechnungen. Doch Strom gibt es hier auch, jede Menge sogar. Nur für diesen Strom muß kein Kraftwerk laufen. Sanft und ohne großes Theater wird Strom erzeugt oder eine Kraft nutzbar gemacht. Das Licht und der Wind, das sind die neuen Quellen, die du anzapfen kannst. Dieses Buch zeigt dir genau, wie man damit die Spielzeuge betreiben kann, kostenlos natürlich.

Wer sie erst im Besitz hat, die Autos, die mit Lichtstrom fahren, das Radio ohne Batterien und das Karussell, vom Wind gedreht, für den sind diese Energien bald nicht mehr neu. Daß ein Auto Sprit braucht oder der Walkman Batterien hat, das ist noch der alte Weg. Suche du den neuen Weg und zeig, wo es langgeht.

Strom, der sich verstecken läßt

Wenn man bei einem Spielzeug rätseln muß, wie es funktioniert, macht es noch mehr Spaß. Es entsteht auch mehr Spannung, wenn keiner weiß, warum plötzlich das Lämpchen blinkt, eine Maschine losrattert oder eine Hupe tutet. Natürlich darf kein Kabel zu sehen sein und auch keine Batterie. Die Kunst liegt darin, alles so zu verstecken, daß es nicht gleich auffällt. Wenn sich schon vorher Kabel und Lämpchen erblicken lassen, verwundert es keinen, wenn sie dann leuchten. Weil aber gerade Überraschungen Spaß machen, soll der Strom möglichst gut versteckt werden. Da gibt es Leuchtschmuck, dessen Lämpchen am Tag wie bunter Glasschmuck aussehen. Doch kaum kommt dieser Glasschmuck in die Dunkelheit, da blinkt er abwechselnd in rotem, gelbem und grünem Licht.

Den Strom für ein kleines Radio holen wir uns aus einer Kartoffel, und Seifenblasen lassen wir von einem kleinen Spielzeugmotor in den Raum befördern.
Das Basteln mit Strom ist kaum schwieriger, als eine Lampe an eine Batterie anzuschließen. Du mußt ja nicht gleich mit dem Schwersten beginnen, sondern mit dem Pieper. Einmal, weil er leicht herzustellen ist, und zum anderen ist er ein gutes Hilfsmittel zum Basteln mit Strom. Als Prüfgerät wird er schnell dein persönlicher Assistent. Durch lautes Piepen zeigt er bei jeder Kabelverbindung an, wenn sie den Strom gut weiterleitet. Er schweigt, sobald der Strom unterbrochen ist. Das passiert gar nicht so selten, wie du noch feststellen wirst. Im Umgang mit dem Pieper wirst du noch viel über Strom lernen. Das zweite Hilfsmittel wird dann

ein richtiges Prüfgerät sein. Ab zwanzig DM gibt es brauchbare Geräte, mit denen kannst du die Spannung und auch den Strom messen. Damit lassen sich Batterien ebenso prüfen wie auch der Stromverbrauch eines Spielzeugmotors oder eines Lämpchens.

Tonis Fahrt durch den Wolframdraht

Das ist Troni. Troni ist ein Elektron aus dem Glühdraht eines Lämpchens. Als ein bewegliches Teil eines Atoms sorgt es dafür, daß der Strom fließt. Im Glühdraht der Lampe, der Wolframdraht genannt wird, ist Troni maßgeblich dafür verantwortlich, daß der Strom zu Licht wird.

«Das Lämpchen kann nur leuchten, wenn der Stromkreis geschlossen ist. Komm mit, wir werden nun vom Pluspol der Batterie durch das Kupferkabel zum Wolframdraht sausen. Dort zeige ich dir, wie wir Licht machen.»

Hier lang durch die Krokodilklemme, dann sind wir gleich bei meinen Freunden im Kupferkabel.

Siehst du, sie hüpfen nur einmal von einem Atom zu einem anderen. Im gleichen Augenblick, wo sie das andere erreichen, verläßt auch schon ein anderes Elektron dieses Kupferatom. Das ist wie beim Staffellauf. Wir nennen das Kettenreaktion.

Durch die anderen Elektronen, die sich im Draht gegenseitig anschubsen, werden auch Troni und seine erstaunte Begleitung langsam zum Wolframdraht befördert.

Hier wird es eng. Die Atome liegen dicht beieinander, und es wird natürlich kräftig gerempelt. Eigentlich treiben wir Elektronen hier ein böses Spiel. Für ein bißchen Licht müssen wir uns so viel bewegen, daß uns glühend heiß wird. Wir rackern uns ab, und die Wärme entweicht. Das ist doch Verschwendung. Schon in jedem Kupferkabel kostet uns das ein Fünftel unserer Kraft.

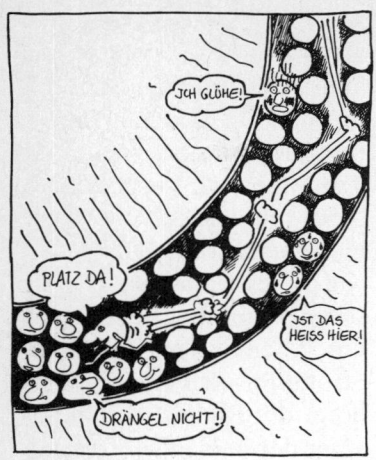

Hier ist die Hölle los. Wir reiben uns so stark aneinander, daß alle total ins Schwitzen kommen. Nicht nur warm wird uns, nein, glühend heiß, und weiß wie Licht werden wir, bei starkem Strom sogar taghell. Siehst du dort meinen Freund Wolfram? Der ruft einfach: ‹Platz da!› und haut ab.

Hier findet keiner den Weg, ohne nicht alle anderen anzurempeln, aber dadurch leuchten wir eben.

Die Kartoffelbatterie

Aus einem Apfel, einer Zitrone, einer Kartoffel oder auch einer Pampelmuse läßt sich ausreichend Strom zum Betrieb eines kleinen speziellen Radios entnehmen.

in die Frucht hinein. Die Stäbe bilden in dem kleinen Naturkraftwerk den Plus- und den Minuspol. Verbindest du beide miteinander und schaltest einen Stromabnehmer wie dieses Radio dazwischen, dann fließt ein Strom durch den nun entstandenen Stromkreis. Im kleinen Ohrhörer des Radios wird nun einer der beiden Mittelwellensender ertönen.

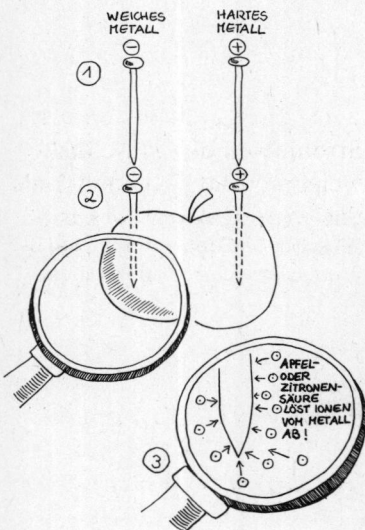

Eine Frucht und zwei verschiedene Nägel ergeben zusammen ein kleines Naturkraftwerk.

Dazu steckst du zwei unterschiedliche Metallstäbe, wie zum Beispiel einen Nagel und einen Kupferdraht, tief

Ein Radio mit Ohrhörer kann von diesem Strom betrieben werden.

Der Strom, den die Kartoffel produziert, ist zwar gering, aber für dieses Radio ausreichend. Ein Lämpchen könnte nicht damit betrieben werden, weil dazu die Stromstärke von nur 10 bis 20 Milliampere zu gering ist. Dafür liegt aber die Spannung mit fast zwei Volt höher als bei einer normalen Batterie. Das kommt durch die Auswahl der Metalle. Bei einer Batterie findet der Elektronenaustausch vom Zinkmantel zum inneren Kohlestift statt. Zwischen diesen Materialien kommt nur eine Spannung von 1,5 Volt zustande. Weil bei der Stromabnahme auch die Spannung abfällt, sind praktisch nur 1,5 Volt brauchbar. Mehr Stromstärke (Ampere) ist mit Zwiebeln oder Zitronen zu erreichen, insbesondere aber durch eine größere Oberfläche des Metalls.

In einer Batterie wird der Strom auf ähnliche Art produziert. Nach dieser Art, die nach ihrem Erfinder «Galvanisches Prinzip» genannt wird, kann jederzeit eine Batterie gebastelt werden. Benötigt werden zwei verschiedene Metallstückchen und eine salzige oder eine saure Flüssigkeit. Schon Leitungswasser reicht aus, weil es Salze hat. In Batterien ist es eine eingedickte Salzlösung, und bei den Früchten ist es die saure Flüssigkeit, die die gleiche Funktion erfüllt.

Diese Batterien produzieren Strom, weil die Säure das weichere Metall schneller als das härtere angreift. Aus dem Metall lösen sich einige Elektronen von den Atomen ab. Weil ein Atom immer gleich viele Plus- und Minusteilchen hat, fehlt jetzt im weicheren Metall ein Minusteilchen, das Atom wird deshalb Ion genannt. Die abgelösten Elektronen sind immer minus-geladene Teilchen. Diese nun frei beweglichen Teilchen wandern durch die Flüssigkeit zum härteren Metall, zum Pluspol. Schon bald sind sie auf den Atomen dieses Materials überzählig und möchten ihre Ladung wieder ausgleichen,

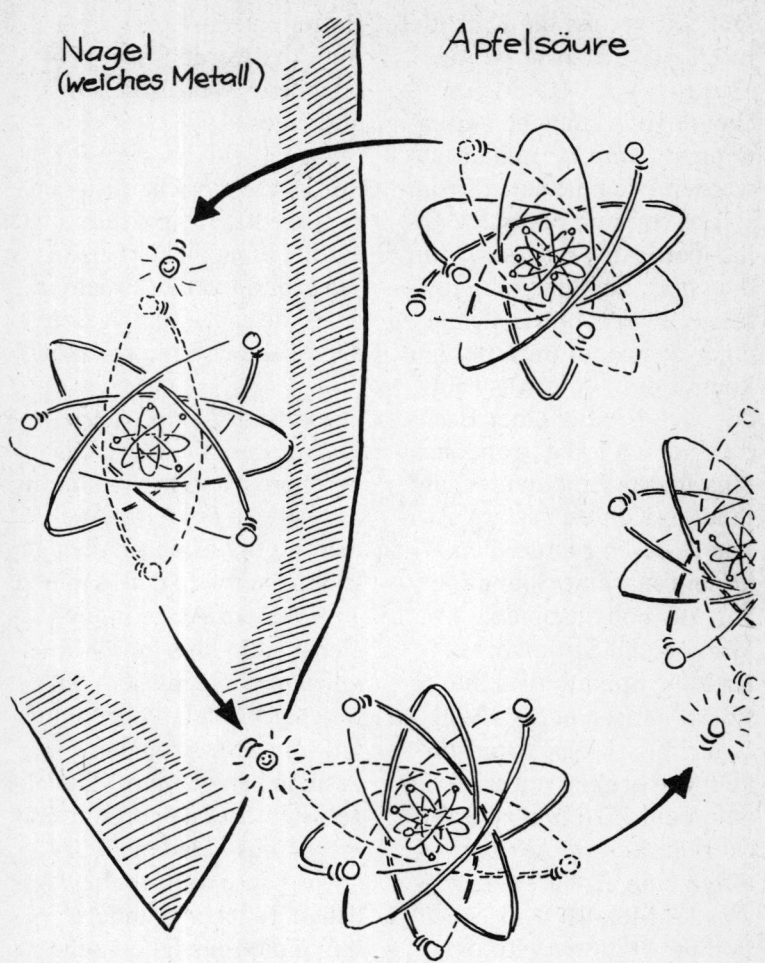

Nagel
(weiches Metall)

Apfelsäure

Die Fruchtsäure bringt den Strom in Gang.

das heißt zurück zum Minuspol. Der Überschuß möchte
immer den Mangel aus-

gleichen. Doch das ist nicht
möglich, weil sich inzwi-
schen auch die Flüssigkeit

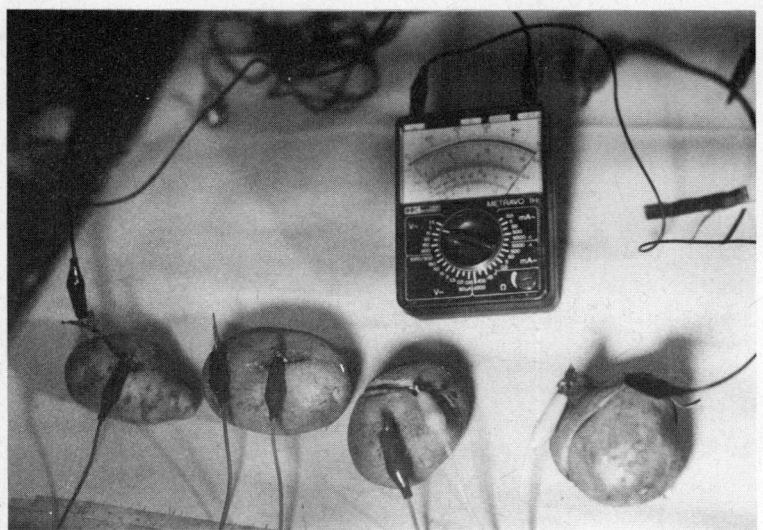

Der Strom fließt, sobald der Stromkreis geschlossen ist.

ionisiert hat und hier kein Mangel mehr besteht. Nur außen herum, durch ein Kabel, können die Elektronen noch zum Minuspol gelangen. Mit einem mächtigen Druck, der Spannung genannt wird, warten sie auf den Ladungsausgleich. Wird der Stromkreis geschlossen, dann flitzen die Elektronen mit einer Spannung von ein bis zwei Volt durch das Kabel zum Lämpchen oder zum Radio. Nun verrichten die Elektronen mit ihrer Bewegungsenergie eine Reibungsarbeit. Davon glüht im Lämpchen der Wolframdraht, oder aus dem Radio ertönt Musik.

Das Radio gibt es als sogenanntes Apfelradio in vielen Elektronikgeschäften und -versanden zu kaufen. Natürlich ist es ein Bausatz, und die acht Einzelteile müssen erst auf die Platine gelötet werden. Dazu gehört auch eine selbstgewickelte Spule mit einer genauen Wickelungszahl. Durch die Veränderung der Wickelungszahl ändern sich auch die beiden Sender. Zusätzlich braucht dieses Radio noch zwei lange Drähte. Einen als Antenne und einen zu einer Wasserleitung oder Heizung, als Erde. Eine Bauanleitung liegt bei, sie könnte aber besser sein.

Ein wesentlicher Vorteil: Wenn du damit mal einschläfst, sind morgens keine Batterien leer. Nach einer Woche wechselst du die Kartoffel gegen eine andere alte Kartoffel.
Das Apfelradio kostet als Bausatz zwischen dreizehn und zwanzig Mark.

Der Pieper

Jedem Bastler ist er ein unentbehrlicher Helfer. Pieper wird er genannt, weil er piept, wenn der Strom fließt. Stromdurchgangsprüfer, so heißt er richtig, und das ist er auch. Noch bevor der Strom fließt, kann man mit ihm testen, ob an Lötstellen oder geschraubten Kabelverbindungen später überhaupt der Strom weitergeleitet wird, und mit ihm kann man leicht feststellen, an welcher Stelle der Stromdurchgang unterbrochen ist, wenn es mal nicht funktioniert, wie es soll. Der Pieper schickt nämlich seinen Strom auf der

einen Seite in die Lötstelle. Kommt er auf der anderen Seite nicht an, dann piept der Pieper auch nicht. So wird ein Fehler gefunden. Dieser Pieper kann auch große und kleine Geräte unterscheiden. Bei einer Lampe zum Beispiel piept er und leuchtet zugleich. Bei einem Elektromotor leuchtet er nur noch, weil der Elektromotor mit seinem großen Widerstand viel Strom wegnimmt. Würde auch die Lampe des Piepers noch leuchten, dann wäre der Widerstand zu gering, das hieße, der Motor ist defekt.

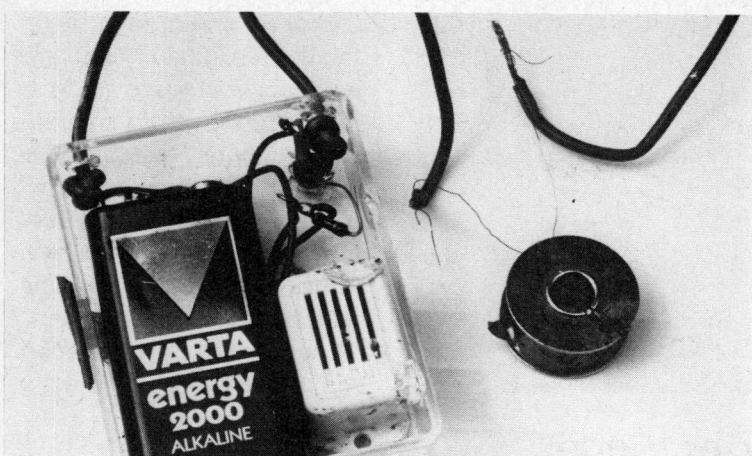

Der Pieper zeigt an, ob die Spule funktionieren wird.

So ein Pieper läßt sich in zwei Stunden oder schneller herstellen. Er kostet mit einer 9-Volt-Batterie (ausnahmsweise, weil Akkus zu teuer sind) weniger als 8 DM. Dafür hast du einen kleinen, guten Aufpasser!

Material

Eine Plastikschachtel in der Größe 4 × 6 cm und 2 cm hoch. Diese Größe ist genormt und in Bastelgeschäften erhältlich.
Einen Summer für 6-Volt-Betrieb (nicht 9 Volt).

Eine Leuchtdiode mit einem Widerstand von 120 Ohm.
1 m einpoliges Kabel, 2,5 Quadrat, in Rot.
1 m einpoliges Kabel, 2,5 Quadrat, in Grün oder Schwarz.

Bauanleitung

Zwei Löcher mußt du oben in das Plastikgehäuse einschmelzen, aber so, daß sich der Deckel noch gut schließen läßt. Sie sind für die beiden Prüfkabel bestimmt.
Mit kurzen Kabeln verbindest du das rote Kabel vom

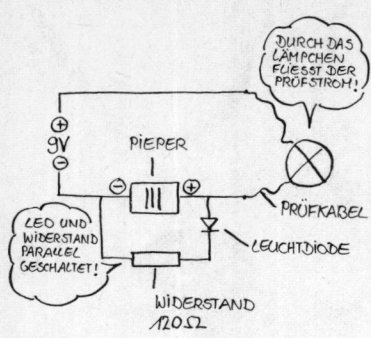

Der Schaltplan für den Pieper.

Pieper oder Summer direkt mit dem Prüfkabel. Sein grünes Kabel befestige am Minuspol der Batterie mit einer Büroklammer, oder löte es direkt am Kontakt an. Das Kabel vom Pluspol der Batterie ist gleichzeitig das zweite Prüfkabel. Berühren sich jetzt beide Prüfkabel, dann ist der Stromkreis geschlossen und der Pieper piept.

Die Tricktaschenlampe

Mit dieser Taschenlampe darfst du Erwachsene ausnahmsweise mal um Feuer bitten. Aber nicht zum Rauchen, sondern um deine Taschenlampe anzuzünden. Wenn sie dann leuchtet, verhalte dich, als wenn das ganz normal sei. Ebenso, wenn du sie danach wieder auspustest und sie dann auch erlischt. Kein Schalter ist an dieser Lampe, und doch hat sie einen. Nur mit viel Wärme schaltet er den Strom ein. Der Schalter ist eine einfache Diode für 35 Pfennige,

So wird diese Lampe angeschaltet.

die hier den Strom ein- und ausschaltet. Dioden haben die Aufgabe, den Strom nur in eine Richtung durchzulassen, und zwar von plus nach minus.

Falsch herum eingebaut, lassen sie keinen Strom durch, so wie hier. Die Eigenschaft, den Strom zu stoppen, verliert die Diode aber, sobald sie heiß wird. Dann läßt sie Strom durch, wie bei dieser Lampe. Das Lämpchen leuchtet.

Wird die Diode abgekühlt, zum Beispiel durch starkes Pusten oder durch einen nas-

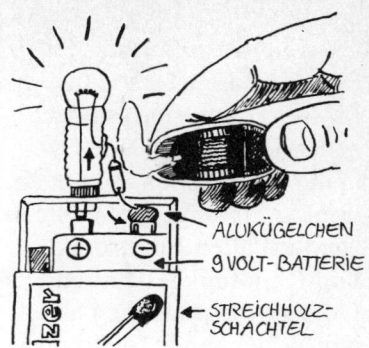

ALUKÜGELCHEN
9 VOLT-BATTERIE
STREICHHOLZ-SCHACHTEL

Batterie, Lämpchen und Diode sind durch Kabel verbunden.

sen Finger, dann geht auch sofort die Lampe aus. Die Diode hat ihre Widerstandskraft zurückbekommen.

Der Blinkschmuck

Wenn aus der dunklen Zimmerecke Katzenaugen auf und ab blinken oder wenn in Aladins Wunderlampe die Flamme zuckt oder in einer Minilampe abwechselnd fünf bunte Lämpchen blinken, dann handelt es sich um Leuchtdioden, die klein wie ein Stecknadelkopf sind und sich leicht in Kunstharzfiguren oder in Schmuck und Bildern verstecken lassen. Sie blinken abwechselnd in ihren verschiedenen Farben, und versteckt in kleinen Formen aus Kunstharz, fallen sie nicht auf. Das Licht, das eine Leuchtdiode – LED – ausstrahlt, ist nicht so klein. Du wirst diese Lämpchen sicher von den Kontrollanzeigen im Walkman und vom Cassettenrecorder her kennen. Weil Leuchtdioden Massenartikel sind, sind sie auch viel billiger als jedes andere Lämpchen. Schon ab dreißig Pfennige gibt es sie in ziemlich allen Elektronik- und Rundfunkgeschäften. Dort gibt es auch die passenden Widerstände, die du benötigst, schon ab 25 Pfennige. Die Preise sind von 1987. Für den Strom sorgt bei allen Schaltungen eine Batterie mit neun Volt, besser aber ein Akku. Doch 9-V-Akkus sind teuer (über 2o DM), eine Batterie gibt es dagegen ab 2 DM.

Die interessantesten unter den verschiedenen LEDs, die es gibt, sind die Blinkleuchtdioden, kurz Blink-LEDs genannt. Die blinken selbsttätig, mit einer eingebauten Elektronik. Das erspart eine aufwendige Blinkschaltung, die sonst nur mit mehreren elektronischen Bauteilen zu regeln ist. Hier, in der Blinkdiode, regelt das ein einziges elektronisches Bauteil, ein Chip. Winzig

klein ist er als schwarzer Punkt in der Leuchtdiode zu sehen. Er gibt aber trotzdem voll den Takt an, und das nicht nur für sein Lämpchen. Nein, er kann auch zum Taktschalter für die anderen LEDs werden. Wenn du zwei Blink-LEDs und drei normale LEDs verwendest, können diese fünf bunten Lämpchen in drei Takten abwechselnd blinken.

Es gibt auch Duo-Blink-LEDs, da sitzen zwei Lampen in einem Gehäuse und blinken abwechselnd rot und grün.

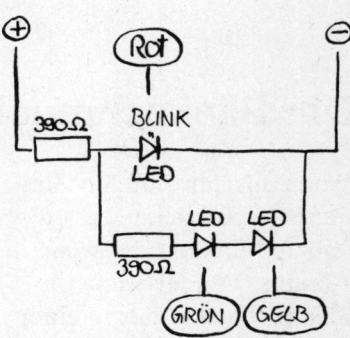

Drei Leuchtdioden blinken in zwei Takten.

Bei dieser Schaltung werden ein rotes Blink-LED und zwei normale, aber verschiedenfarbige LEDs verwendet, zum Beispiel grün und gelb. So blinkt das rote Lämpchen abwechselnd mit dem grünen und dem gelben.

Mit dem Widerstand fängst du an und lötest an einem der beiden Drähte das Blink-LED (Pluspol) und zugleich den zweiten Widerstand an. Löte diesen, wie hier, rechtwinklig an die Lötstelle an und knicke den Draht herum. An den zweiten Widerstand kommen hintereinander die beiden LEDs, wie hier auf dem Schaltplan. Beachte die Stromrichtung von plus und minus bei jedem LED, bei den Widerständen ist das egal. Der Minuspol vom zweiten LED wird mit dem Minuspol des Blink-LEDs verbunden und ergibt einen Anschluß zum Akku (Minuspol). Notfalls brauchst du hier noch ein kurzes Kabel.

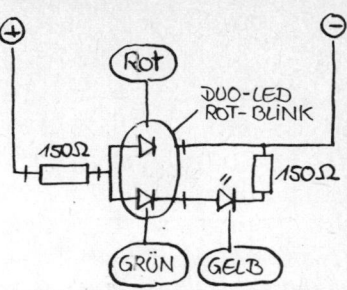

In zwei LEDs blinken drei Lämpchen

Hier blinken drei Lämpchen in zwei Takten abwechselnd, obwohl es nur zwei LEDs sind. Der Trick ist einfach, ein Duo-LED hat zwei Lämpchen. Obwohl das Glasgehäuse schon sehr klein ist, sind zwei farbige Leuchtquellen darin.
Und weil dies ein Duo-Blink-LED ist, blinken diese Punkte auch abwechselnd. Mit einem davon blinkt auch das zweite LED gleichzeitig. So blinken rot und gelb abwechselnd gegen grün.

Material

2 Widerstände, 390 Ohm
1 Blink-LED, rot
2 kleine LEDs, rot und grün

Material

1 Duo-Blink-LED
1 LED, gelb
2 Widerstände, 150 Ohm.

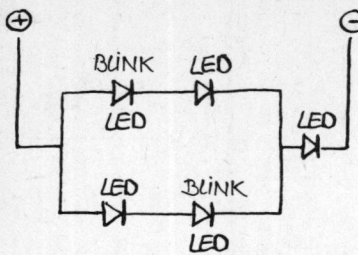

In drei Takten blinken fünf Leucht-dioden.

Hier sind es fünf LEDs, die in drei Takten blinken. Einen Fünfstern ergibt es, sobald das äußere LED nach innen verlegt wird, in die Mitte der anderen. Während von den anderen vier jeweils ein Blink-LED mit einem normalen LED abwechselnd auf- und abblinkt, zuckt das fünfte LED mit grellem grünen Licht immer dazwischen. Weil hier nicht mal ein Widerstand benötigt wird, ist dies zweifellos die interessanteste Schaltung.

Material

2 Blink-LEDs,
3 normale kleine LEDs in unterschiedlichen Farben.

Das Verbinden der LEDs ist wirklich ein Kinderspiel. Nicht einmal Kabel brauchst du dazu. Einfach die Drahtfüße aneinander verlöten, und fertig ist die Blinkschaltung. Du mußt nur wissen, in welcher Reihenfolge die LEDs und die Widerstände zusammengehören. Doch wenn du die folgenden Hinweise beachtest und dir einen Schaltplan mit Stromrichtungen aufzeichnest, kann nichts schiefgehen. Ein Fehler allerdings kann gleich ein Lämpchen kosten oder mehr.

Diese Lämpchen können überall blinken, vorausgesetzt, der kleine Akku hat irgendwo in der Nähe Platz. Schmuck kannst du aus Blech, Holz, Kork oder einem anderen Material machen, in dem sich die Lämpchen gut verstecken lassen. Blink-Figuren für dein Zimmer sind aus Gießharz. Zusammen mit den LEDs wird er in eine Gipsform gegossen und ergibt farbige, aber trotzdem durchsichtige Figuren. Die LEDs sind nicht zu sehen, doch wenn sie leuchten, erscheinen ihre unterschiedlichen Farben wie bunte Punkte in den Gießharzformen. Weil sie ohnehin bei dunklem Licht besser wirken, leuchten sie bei hellem Tageslicht gar nicht erst. Das kommt, weil der eingebaute Chip in der Blinkdiode lichtempfindlich ist und bei hellem Außenlicht nicht funktioniert. In den Geräten, in denen diese Blink-LEDs sonst eingebaut sind, ist das kein Nachteil, und hier hat es einen guten Nebeneffekt.

Wichtige Hinweise vor dem Löten der Bauteile

1. Markiere dir den Pluspol der LEDs, meistens ist er der längere der beiden Drähte.
2. Mit einem Knick lassen sich die Drahtenden der LEDs zu Füßen umbiegen. Halte dabei das obere Drahtende mit einer Spitzzange oder den Fingern gut fest, sonst bricht es aus dem Glasgehäuse aus.
3. Zeichne auf Papier den Schaltplan noch mal auf, wobei du bei jedem LED den Plus- und Minuspol anschreibst. Während der Pluspol immer zum Pluspol der Batterie zeigt, zeigt der Minuspol immer zum Minuspol der Batterie. Dadurch sind sie immer abwechselnd verbunden, vom Minus- zum Pluspol des nächsten LED.
4. Lege nun, in der Reihenfolge wie auf dem Schaltplan, die Bauteile auf eine lötfeste Unterlage, also kein Papier oder Tischdecke. Biege die Drähte so, daß sie zum Löten gut zusammenliegen und die Schaltung möglichst klein bleibt.
5. Von links nach rechts, also vom Minus- zum Pluspol, werden die Widerstände mit dem LED verbunden.
6. Verwende beim Löten nur ganz dünnes Elektroniklötzinn und einen Lötkolben zwischen 25 und 50 Watt.
7. Löten: Erhitze erst jeden Draht einzeln und verzinne ihn, bevor beide miteinander verlötet werden. Dazu nur kurz die beiden Drähte mit dem Lötkolben berühren.

Sobald das Lötzinn verläuft, schnell den Lötkolben weg und pusten, damit die Lötstelle erkaltet und hart wird. Je weniger Lötzinn später zu sehen ist, desto sauberer ist die Lötarbeit.

Wichtig: das Material der Drähte ist meistens giftig, deshalb nach dieser Arbeit die Hände waschen.

Hinweise zur Gießtechnik mit Kunstharz:

Die Lämpchen in einer tollen Form aus farbigem und durchsichtigem Gießharz zu verstecken ist interessant, aber aufwendig. Wie Figuren aus buntem Glas wirken sie und sind als Schmuck zum Anstecken ebenso eindrucksvoll wie als Wandschmuck in einer dunklen Zimmerecke.

Aufwendig ist die Herstellung, weil du eine Form benötigst. Die kannst du selbst aus Gips machen oder im Bastelbedarf Formen aus Kunststoff kaufen. Hier bekommst du auch das Gießharz (mit Härter) und den Trennlack, den du benötigst.

In die mit Trennlack eingestrichene Form legst du die beiden Schaltungen so hinein, daß nur noch zwei dünne Kabel herausschauen. Diese beiden Kabel sind mit dem Plus- und Minuspol der Schaltungen verlötet. Die LEDs dürfen die Form innen nicht berühren, sondern müssen in dem zähflüssigen Kunstharz so lange «schweben», bis dieses erstarrt ist. Anstecker oder Klipps müssen ebenfalls in die noch zähflüssige Masse gesteckt werden. Die Anwendung von Gießharz ist auf den Verpackungen erklärt.

Das Zitterhand-Spiel

Piep... piep... piep, so tönt
es schrill. Ein rotes Lämpchen blinkt dazu im Takt.
Pech gehabt – Zitterhand, so
ruft die Runde, worauf es
gleich noch ein paarmal
piept.
Ein dicker blanker Draht ist
in eine kühne Form gebo-
gen. Enge Schlaufen und
Windungen lassen jeden
Testkandidaten fast verzwei-
feln, obwohl der Weg nicht
mal einen Meter lang ist.
Seine ruhige Hand muß je-
der Mitspieler damit bewei-
sen, daß er den drahtigen
Weg mit einem Ring von
nur zwei bis drei Zentimetern im Durchmesser ent-
langfahren muß. Dieser
Ring, der an einem Griff befestigt ist, darf dabei den
dicken Draht nicht berüh-
ren, sonst piept und blinkt
es.
Die Kunst besteht darin, den
Griff ganz ruhig zu führen
und ihn dabei trotzdem zu
drehen. Ohne Drehung geht
es nicht. Das ist nicht ganz
einfach.

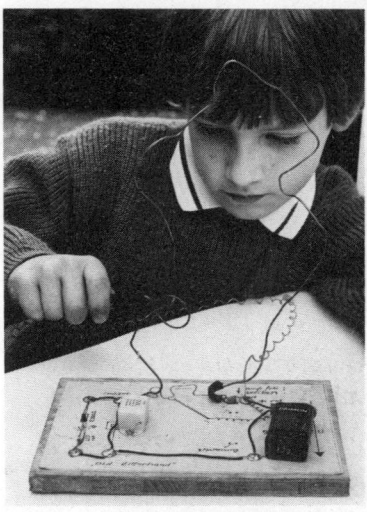

**Wenn der Ring den Draht berührt,
blinkt und piept es.**

Dieses Spiel ist nicht nur ein
Testgerät für Zitterhände, es
ist auch ein Trainingsgerät
für alle, die gerne zeichnen.
Es ist schon schwierig, einen
geraden Strich frei zu zeichnen, noch schwieriger aber,
Kurven genau nachzuzeich-
nen. Hier übt sich dieses Zu-
sammenspiel von Hand und
Auge sehr gut, wenn du
willst, nach Punkten und
Zeit.

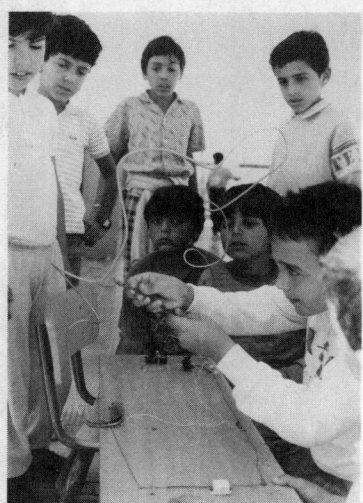

Das Riesen-Zitterhandspiel ist eine gute Konzentrationsübung für die Schulpause.

Material

Eine Holzplatte, 12 cm breit, 20 cm lang und 10 mm dick. Dies sind Mindestmaße für die Grundplatte, nach oben gibt es keine Grenzen.
7 Schrauben, 20 mm lang, oder Nägel mit breitem Kopf (für die Kontaktpunkte der Kabel);
Eisen- oder Kupferdraht, 1 mm bis 1,5 mm dick (zum Verbinden der Kontaktpunkte;
Kupferkabel, einadrig, 1,5 mm bis 2,5 mm dick, 1 Meter lang, ohne Isolierung (für die Drahtschlange);
Klingeldraht (als Zuleitung zum Handgriff);
Kupferkabel, 1,5 mm dick, 50 cm lang, ohne Isolierung (als Handgriff);
4 kleine Schrauben, 10 mm lang (für die Befestigung von Summer und Lämpchen);
3 Schrauben, 35 mm lang (für die Befestigung der Batterie).
1 Summer für 6 Volt, kostet ca. 4,–DM.,
1 Leuchtdiode, rot, ca. 0,40 DM;
1 Widerstand, R 360 Ohm, ca. 0,30 DM.
1 9-Volt-Block, 2,– bis 4,–DM.
1 Batterieanschlußkabel, 1,–DM.
An Stelle von Leuchtdiode und Widerstand kann auch ein normales Lämpchen für 5 Volt benutzt werden.

Bauanleitung

Zuerst den Schaltplan auf ein Papier zeichnen und danach auf das Brett kleben.

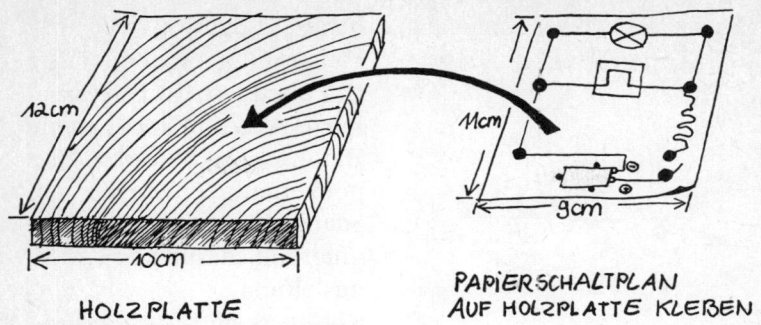

12cm

10cm

HOLZPLATTE

11cm

9cm

PAPIERSCHALTPLAN
AUF HOLZPLATTE KLEBEN

Mit Holzplatte und Schaltplan wird angefangen.

An den Kontaktpunkten, dort, wo die Schrauben hinkommen, mußt du mit dem Handbohrer kleine Löcher von 5 mm Tiefe vorbohren.

Nun die Schrauben in die Löcher hineindrehen. Stopp, nicht ganz, der Draht muß noch herumgewickelt werden können.

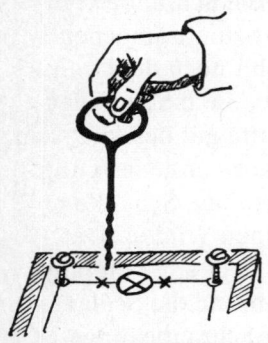

MIT HANDBOHRER VORBOHREN
(2/3 DER SCHRAUBENLÄNGE)
Die Schraubenlöcher vorbohren.

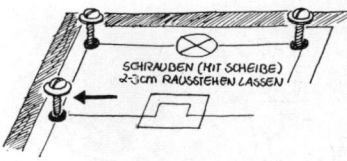

SCHRAUBEN (MIT SCHEIBE)
2-3cm RAUSSTEHEN LASSEN

Bei dem Summer auf die Stromrichtung achten.

Ebenso die Löcher für die Lampenfassung (nicht bei Leuchtdiode) und den Summer bohren.

Jetzt können das Lämpchen und der Summer angeschraubt werden. Wer hier eine Leuchtdiode vorzieht, lötet sie mit dem Vorwiderstand zusammen ein. Der begrenzt die Spannung. Die Leuchtdiode muß richtig in die Stromrichtung eingebaut sein, siehe ‹Blinkschmuck›, S. 21.

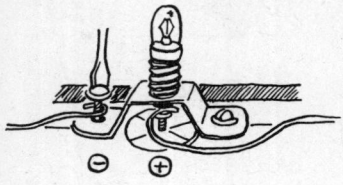

Das Kabel vom Pluspol wird an die mittlere Schraube angeschraubt. Das Kabel vom Minuspol klemmt unter der Schraube, am Fuß der Lampenfassung, gleichzeitig mit fest.

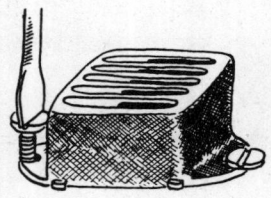

Die Schrauben ersetzen die Kontaktpunkte.

Auch der Summer hat seine vorgeschriebene Stromrichtung. Das rote Kabel muß zum Pluspol der Batterie zeigen.
Die Batterie kann inzwischen mit den drei Schrau-

ben befestigt werden. Ein kleines Gummiband hält sie von oben fest. Es folgt das kurze Anschlußkabel an die Batterie. Das rote vom Pluspol verläuft zur oberen Schraube, das schwarze zur unteren Schraube an der Minusleitung.

Mit blankem Kabel verbindest du von hier die Schrauben bis zum Lämpchen. Gut um die Schrauben drehen mußt du den Draht, damit er Kontakt behält. Genauso verbindest du auf der Minusleitung die Schraube vom Summer zum Lämpchen. Jetzt fehlt noch die Drahtschlinge. Sie muß auf der Holzplatte gut befestigt sein. Dazu biege an jedes Drahtende erst eine Schlaufe und dann einen Winkel. Der Winkel liegt auf dem Holz auf, während die Schlaufe von der Schraube eingeklemmt wird. Den dicken Draht biegst du nach deiner Phantasie, vermeide aber zu enge Kehren oder Knicke. Der Draht soll hinterher richtig aufrecht stehen. Du kannst als Form auch Tierfi-

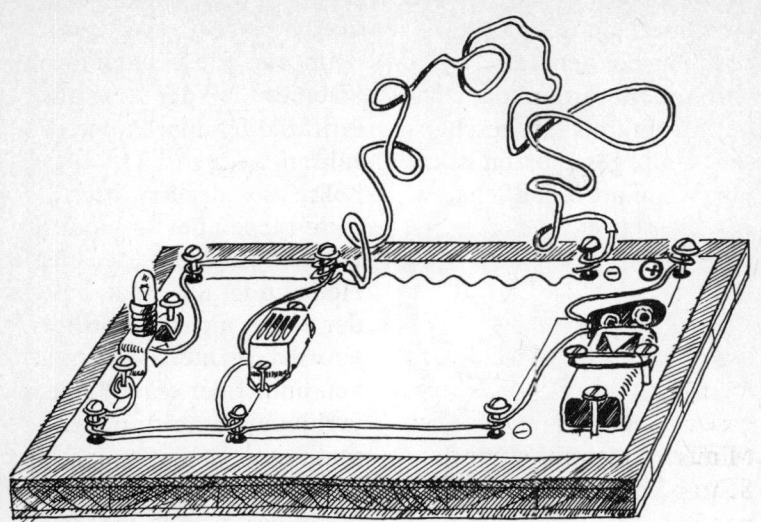

Die Drahtschlange wird frei nach Phantasie gebogen.

guren oder Gesichter nachbiegen.

Natürlich darf die Schlaufe
keine Isolierung haben. Der
Draht muß blank sein, er soll
ja gut den Strom leiten.

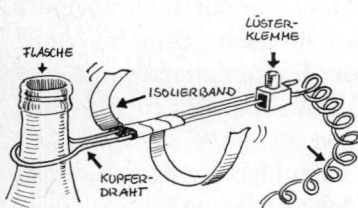

**Der Ring wird an einem Flaschen-
hals gebogen.**

Dieser Ring an dem Griff
stellt später den Kontakt zu
der Drahtschlange her.
Durch das Kabel fließt der
Strom vom Pluspol der Batterie über den Griff in die
Drahtschlinge und von dort
zum Pieper und dem Lämp-
chen.

Der Ring des Griffes muß
über den dicken Draht ge-
schoben werden, bevor dieser an seinem Fuß ange-
schraubt wird. Du mußt
sonst eine Schraube noch
mal lösen.

Das Zuleitungskabel am

Griff muß mit dem Kabel vom Pluspol der Batterie verbunden werden, dann ist der Stromkreis fast geschlossen. Ganz geschlossen ist er nur, wenn auch der Schalter geschlossen ist.

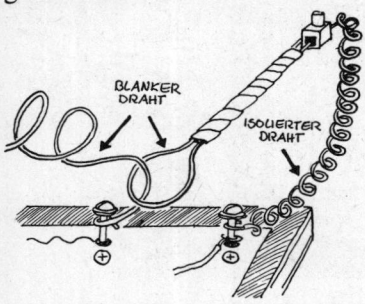

Der Griff stellt den Kontakt her.

Gleich piept und blinkt es, denn zum Einschalten des Stromes muß der Ring am Griff die Drahtschlange berühren.

Sollte es wider Erwarten nicht piepen bei dir, dann hol den Pieper. Dieser kleine Helfer zeigt dir genau an, wo der Strom nicht weiterfließt. Er wird irgendwo an einer Schraube oder einer Kabelverbindung unterbrochen sein.

Die Seifenblasenblasmaschine

Apfelsinengroße, bunt schillernde Seifenblasen sprudeln aus dieser Maschine wie aus einer Quelle hervor.

So viele und so große Seifenblasen auf einmal sieht man selten. Sehr eindrucksvoll wirkt es, wenn sie aus einem Fenster heraus ins Freie schweben. Draußen wirken sie noch besser als in Räu-

men. In Räumen darf die Maschine nur kurz eingeschaltet sein, denn im Nu ist der Fußboden naß, und es kann gefährlich rutschig werden.

Seifenblasen zählen nicht zu den nützlichen Dingen im Leben, trotzdem sind sie nicht nur bei Kindern beliebt. Oft werden Seifenbla-

Ununterbrochen sprudeln Seifenblasen aus dieser Maschine.

sen mit Träumen verglichen, weil sie so schnell platzen. Diese Maschine liefert genügend Seifenblasen für viele Träume.

Doch nicht nur die Seifenblasen sind es, die diese Maschine interessant machen. Immerhin treibt nur ein Motor zwei verschiedene Dinge an, und das mit ganz verschiedenen Geschwindigkeiten. Den Ventilator ganz schnell und das Seifenblasenlöffelrad ganz langsam.

Dazu muß die Kraft zweimal geteilt werden.

Mit Hilfe von Rollen und Gummibändern wird die Kraft verändert und umgelenkt.

Wenn du diese Seifenblasenblasmaschine gebaut hast, dann kannst du Kräfte teilen, Drehgeschwindigkeiten ändern, einen Windkanal bauen, einen Motor installieren und löten.

Die Seifenblasenblasmaschine mit einem Motor, aber zwei verschiedenen Antrieben.

Material

Eine große, aber kurze Blechdose für den Windkanal, möglichst über 17 cm hoch, Keksdosen sind gut geeignet.
Ein Ventilatorflügel aus Kunststoff, über 12 cm, aber etwas kleiner als der Durchmesser vom Windkanal.
Ein Messingrohr, 20 cm lang, mit Innendurchmesser 5 mm,

eine Gewindestange, 4 mm dick, 30 cm lang,
14 Stück Muttern, 4 mm, zur Gewindestange passend,
3 Stück Twist-off-Deckel mit Mittelpunkt für das Loch,
ein Korken für den Seifenblasenlöffel,
Draht (1,5 mm) und feinen Spulendraht, beide 1 m lang,

ein Holzklotz für die Motorhalterung,
zwei Unterlegklötze für die
Dose,
eine Grundplatte aus Holz,
20 cm × 20 cm,
10 Schrauben, 15–25 mm
lang,
Gummibänder verschiedener
Längen,
ein Spielzeugmotor, Marbucchi 140 oder ähnlich, der mit
drei bis neun Volt betrieben
werden kann,
ein Akku mit sechs Volt
oder neun Volt oder zwei
Flachbatterien von je 4,5
Volt (in Reihe geschaltet).

Für die Seifenblasen:
Eine flache Spülmittelfla-
sche,
Glyzerin, 50 ml, ist in unge-
reinigter Form preisgünstig
(Drogerie),
Spülmittel, Kernseife oder
Seifenflocken.

Bauanleitung

Genaue Maße können dir
hier nicht gegeben werden,
sie richten sich nach der Dose für den Windkanal. Tat-

sächlich ist ein Windkanal
für Seifenblasen nicht nötig.
Der Ventilator schafft es
auch so. Die Dose bietet
eher einen Schutz vor dem
Propeller, und vor allem ist
sie Halterung für die Rä-
der.

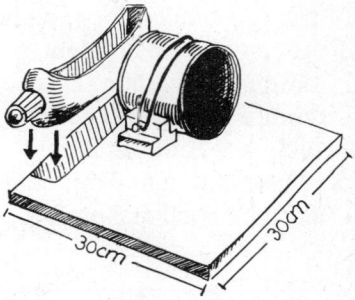

So fängst du an...

Mit der Grundplatte fängst
du an. An einer Vorderkante
bestimmst du den Platz für
die Flasche. Dahinter ist der
Windkanal. Den befestigst
du seitlich mit zwei Holzklötzchen und spannst ein
Gummiband darüber.
Doch bevor der Windkanal
endgültig befestigt wird, gibt
es an diesem noch viel zu
tun. Zunächst müssen die
beiden Röhrchen an die Dose angelötet werden. Durch
sie verlaufen die Achsen für

die hinteren Umlenkräder. An der seitlich angebrachten Achse ist gleichzeitig vorn der Seifenblasenlöffel aufgesteckt.

Das Anlöten der Röhrchen will gut vorbereitet sein. Zunächst mit Stahlwolle die Lötstellen blank reiben, dann diese erst einzeln mit dem Lötkolben verzinnen. Das verzinnte Röhrchen (nur an zwei Stellen) auf das Blech der Dose halten und mit dem Lötkolben noch mal erhitzen.

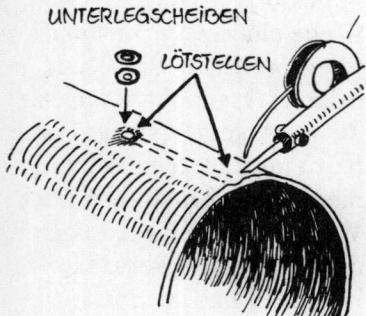

Wichtig ist die Vorbereitung der Lötstelle.

Das Blech der Dose wirst du zusätzlich mit einem Feuerzeug von unten erwärmen müssen. Denn hier wird zuviel Wärme durch die große

Oberfläche abgeleitet, das kann ein kleiner Lötkolben allein nicht schaffen. Das Röhrchen mußt du beim Löten mit der Zange festhalten, bis das Lötzinn hart geworden ist.

Wenn die Dose wieder in der Halterung steht, ist ein Röhrchen oben und das andere seitlich angebracht.

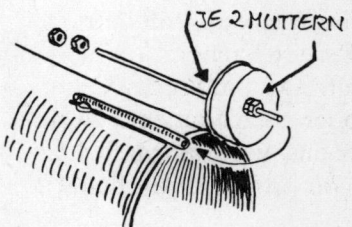

Die Räder drehen sich mit ihren Achsen in den Röhrchen.

Nun werden die Rollen an die Achsen geschraubt und die Achsen in die Röhrchen gesteckt. Vor dem Absägen der Gewindestange die Mutter aufsetzen und hinterher wieder abdrehen. Notfalls nachfeilen, bis kein Grat mehr an der abgesägten Stelle stört. So bleibt der Gewindeanfang sauber.

Die durchlaufende Achse,

die seitlich an der Dose ist, hat hinten eine Rolle und vorn das Seifenlöffelrad. Die hintere Rolle ist doppelt, zwei Deckel sind dazu gegeneinander verschraubt. In der dadurch entstandenen Mittelrille läuft das Gummiband.

Vorn auf der Achse ist aus einem Korken der Knotenpunkt für die Seifenblasenlöffel gefertigt.

Die feinen Löcher im Korken für die vier Seifenblasenlöffel mußt du vorbohren, ebenso das vier Millimeter große Loch für die Achse.

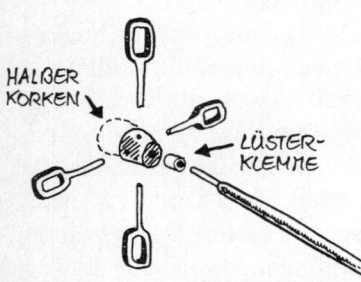

HALBER KORKEN

LÜSTER-KLEMME

In einem Korken stecken die vier Seifenblasenlöffel.

Zwei Muttern oder Lüsterklemmen auf beiden Seiten des Korkens sorgen dafür, daß sich die Achse mit dem Korken dreht.

Die Achsen können in der Längsrichtung etwas Spielraum haben, damit sie auf jeden Fall leicht drehen und nicht festklemmen.

Ein kurzes Gummiband verbindet das Doppelrad mit der dünnen Achse. Auf der aber wird es einmal herum verdreht, das hält besser.

Wenn du jetzt die obere Achse drehst, dann muß sich bereits der Seifenlöffel mitdrehen.

Die Motorhalterung ist ein Holzklotz, in dessen Oberfläche eine runde Ausbuchtung für den Motor gefeilt wird. Der Motor muß später genau vor der Mitte des Windkanals stehen, kann aber hinter der Dose stehen. Der Motor wird mit einem Gummiband auf dem Holzsockel festgehalten. Der wiederum ist von unten mit der Grundplatte verschraubt.

Der Ventilator darf nicht ganz auf die Motorachse geschoben werden. Ein kleiner Zwischenraum zwischen Ventilator und Motor muß für das Gummiband frei bleiben. Dieses Gummiband, das die obere Rolle antreibt, muß ganz senkrecht von oben nach unten auf der Achse hängen. Wenn nicht, kann es in den Ventilator gelangen oder oben abspringen.

Wenn du den Motor nun an die Akkus oder Batterien anschließt, wird ein Probelauf zeigen, ob sich die Achsen leicht genug drehen. Auch die Gummibänder dürfen nicht zu stramm sitzen, aber auch nicht rutschen.

Die Mischung der Seifenblasenlauge

Es gibt verschiedene Rezepte. Grundsätzlich mußt du die Lauge erst ausprobieren, bevor sie in die Maschine kommt.

Ein Drittel Spülmittel und ein Drittel Wasser sowie bis zu einem Drittel Glyzerin. Es kann auch wesentlich weniger Glyzerin sein, das hängt vom verwendeten Spülmittel ab.

Ziemlich sicher ist folgendes Rezept: Ein Viertel einer Kernseife in einem Liter lauwarmen Wassers auflösen und später mit einem Zehntel Liter Glyzerin vermischen. Die Seife vorher in kleine Stücke schneiden oder lange ins Wasser legen. Denk daran, Seifenlauge ätzt im Auge.

Probelauf

Es ist am Anfang nicht einfach, alles gleichzeitig in den Griff zu bekommen. Schritt um Schritt mußt du die Probleme angehen, bis du vorn am Seifenblasenlöffel angelangt bist.

Der Behälter für die Seifenlauge, eine Spülmittelflasche muß so weit aufgeschnitten werden, daß sie noch unter die Achse des Seifenblasenlöffels paßt. Trotzdem müssen die Löffel später von der Seifenlauge voll bedeckt werden. Nur so können sie sich später mit Lauge benetzen und eine dünne Haut spannen. Diese Haut wird vom Luftdruck gedehnt, bis sie vom Löffel abreißt und sich zu einer Kugel zusammen-

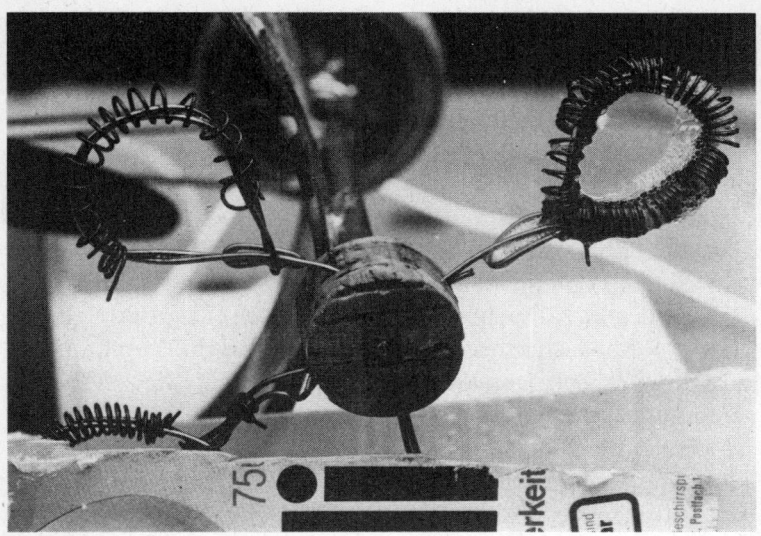

Viel Flüssigkeit halten diese Seifenblasenlöffel.

schließt, der Seifenblase.
Die mit feinem Draht um-
wickelten Seifenblasenlöffel
nehmen viel Flüssigkeit. Je
feiner die Wickelung des
Drahtes ist, desto mehr Flüssigkeit wird gehalten. Das ist
besonders für große Seifenblasen wichtig. Überprüfe
nach dem Anschließen des
Akkus, ob der Motor richtig
herum läuft. Der Wind muß
vorn herauskommen und
nicht hinten, sonst mußt du
den Motor umpolen.
Sollten keine Seifenblasen

entstehen, überprüfe, ob die
Lauge im Pustebetrieb Blasen abgibt und der Ventilator
richtig herum dreht. Vielleicht ist dieser zu schwach,
weil entweder der Gummi-
bandantrieb ihm zu viel
Kraft wegnimmt oder der
Motor eine höhere Spannung
braucht. Den ersten Fall
prüfst du, indem du das obere Gummiband probeweise
abnimmst und den Seifenblasenlöffel von Hand im Luftstrom drehst. Wenn nun Blasen entstehen, dann war vor-

her der Ventilator zu schwach. Versuche die Reibungen zu verringern, zum Beispiel durch Öl an den Gewindestangen und mit ganz schlaffen Gummibändern. Wenn das nicht hilft, nimm eine höhere Spannung. Versuche es mit einem 9-Volt-Block oder zwei Flachbatterien in Reihenschaltung (plus an minus), so bringen die auch neun Volt.

Sollte es immer noch nicht klappen, verkleinere vorn am Windkanal die Luftaustrittsöffnung probeweise mit Pappe. Der Luftstrom muß jetzt am Seifenblasenlöffel viel stärker pusten. Damit klappt es fast immer.

Auch die Löffel zu verbessern bringt Erfolg, damit sie viel Flüssigkeit halten können. Doch für große Seifenblasen muß die Mischung genau stimmen! Diese Maschine ist nicht ganz einfach zu bauen, aber sie ist toll, und die Mühe lohnt sich.

Licht erzeugt Strom

Licht liefert die Energie für diese Spielzeuge.

Da flattern Schmetterlinge wie verrückt mit den Flügeln auf und ab, Flugzeuge sausen im Kreis herum, ein Dreirad fährt seine Runden und ein Radio gibt flotte Töne von sich.

Solarzellen machen es möglich. Die dünnen schwarzen Platten, aus denen der elektrische Strom fließt, brauchen dazu nur helles Licht. Es gibt viele Gründe, mit So-

Viel Spaß haben diese Schulkinder mit ihrem Solarmobil.

larzellen und Akkus zu basteln:
Du sparst das Geld, das sonst die Batterien verschlingen würden,
du sparst dir Ärger, weil keine Batterien mehr versagen können, vor allem aber ersparst du deiner Umwelt einen großen Haufen von giftigem Schrott aus Blei und Zink.

Wie Strom in der Solarzelle entsteht...

Auch in der Solarzelle findet eine ganz einfache Art der Stromproduktion statt. Es geht ja immer darum, daß die kleinen Elektronen in Bewegung gesetzt werden. Sind sie erst in Bewegung und flitzen in Reih und Glied durchs Kabel, dann fließt der Strom bereits.
Doch wie kommt er zum Fließen?
Wer gibt einem Elektron den ersten Schubs, damit es sich von seinem Atom lösen kann?
Wodurch entsteht die Spannung?
In deinem Fahrraddynamo ist es die rotierende Magnetkraft, die die Elektronen von ihren Atomen abreißt und auf die Reise schickt. Doch das kostet Tretkraft, nämlich deine Körperenergie.
Bei der Solarzelle wird die Energie der Photonen ausgenutzt. Das sind die Energieteilchen des Lichtes. Je mehr Licht, desto mehr sind die Photonen in Bewegung.
Selbst Feuer können sie entfachen, wie du sicher vom Brennglas her weißt. Doch bei der Solarzelle brauchen die Photonen mit ihrer Energie nur auf das Silicium zu treffen, und schon purzeln die Elektronen von ihren Atomen herunter. Ist ein Elektron in Bewegung, fließt der Strom, denn Strom ist die

Bewegungsenergie der Elektronen.

Aber nicht Licht allein produziert den Strom bei einer Solarzelle. Licht löst ihn nur aus. Die Elektronen würden sich gar nicht weiterbewegen, wenn da nicht noch eine Kraft wäre, die sie in Bewegung hält. Diese Kraft wird Spannung genannt. Spannung muß sein, denn sonst fließt kein Strom.

Bei der Solarzelle wird sie durch die Verwendung zweier verschiedener Materialien erreicht. Obwohl die Solarzellen schon dünn wie Pappe sind, bestehen sie noch mal aus zwei dünnen Platten, die zusammengeklebt sind. Zwischen den beiden Scheiben ist noch eine ganz dünne Isolierschicht, die sogenann-

Die Sonne bewirkt in der Solarzelle eine Kettenreaktion hüpfender Elektronen.

te «Barriere». Nun unterscheiden sich die Materialien der beiden Kristalle in der Anzahl ihrer Elektronen auf der Außenschale ihrer Atome.

Weil Atome ihren Mangel oder Überschuß an Elektronen immer ausgleichen müssen, zieht es die Elektronen zur Unterseite der Solarzelle, wo ein Mangel besteht. Auf dem Weg durch die Solarzelle entsteht die Spannung.

Jede Solarzelle hat einheitlich ein halbes Volt an Spannung, egal wie groß die Solarzelle ist. Dafür sorgt die Barriere zwischen der oberen und der unteren Schicht. Jedes Elektron, das durch diese Barriere kommt, hat eine Spannung von einem halben Volt.

Wie mit Solarzellen gebastelt wird

Fast alles, was mit Batterien betrieben wird, läßt sich statt dessen auch mit Solarzellen betreiben. Das ist besonders günstig für kleine leichte Spielzeuge. Anstatt der schweren und großen Batterien sind es nur noch zwei fingergroße Solarzellen, die den Elektromotor mit Strom versorgen. Tagelang kann sich ein solches Spielzeug bewegen, ohne daß es auch nur einen Pfennig Strom kostet, denn Licht kostet kein Geld. Zumindest nicht das Tageslicht. Licht allerdings muß vorhanden sein, egal ob von der Sonne oder einer hellen Lampe. Jedes motorisierte Spielzeug läßt sich durch Lichtzeichen bewegen oder zum Stillstand bringen. Das ist das Neue an diesen Spielzeugen. Schon wenn der Schatten einer Hand die Solarzellen bedeckt, ist die Stromproduktion beendet, das Spielzeug steht still. Fällt aber wieder

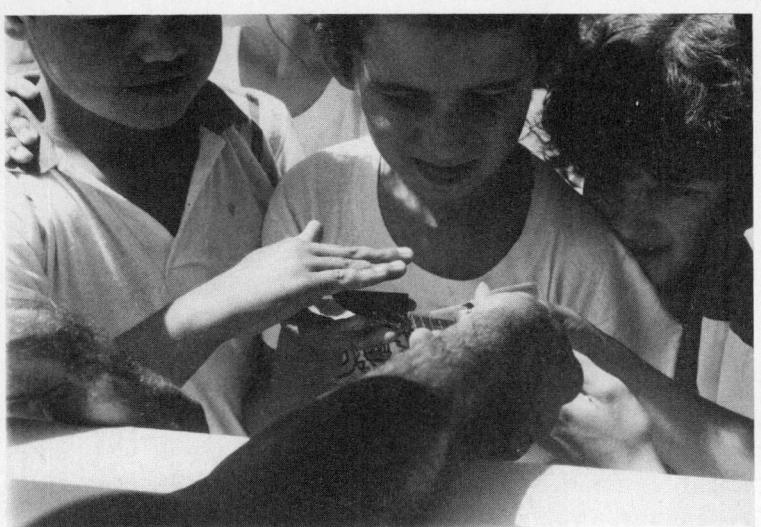

Solarzellen faszinieren, weil sie auf Schatten reagieren.

Licht auf die Solarzellen, dann ist das Spielzeug sofort wieder in Bewegung.

Zum Glück haben viele Spielzeugmotoren einen niedrigen Stromverbrauch, so daß sich für sie gut Solarzellen verwenden lassen. Auch für die hier beschriebenen Basteleien lohnt es sich, unter alten Spielzeugen und Walkmans nach geeigneten Elektromotoren zu suchen. Läuft der Motor schon mit einer Batterie (Mignonzelle), so ist das günstig. Er kann dann mit zwei bis drei kleinen Solarzellen auskommen. Benötigt der Motor aber zwei Batterien, so sind das schon sechs bis sieben Solarzellen, die für den Antrieb notwendig werden. Für ein Spielzeug ist das fast schon zuviel. Da ist es dann besser, einen speziellen Solarmotor zu verwenden. Die kommen schon mit ein bis zwei Solarzellen aus und haben eine lange Haltbarkeit. Auch wenn diese Motoren teurer sind, so spart man mit ihnen doch das Geld für viele Solarzellen, denn die sind auch nicht gerade billig.

Die Preise für die jeweiligen Motoren und Solarzellen findest du bei der Angabe der Materialien der einzelnen Spielzeuge hier im Buch.

Die Solarzellen, die du brauchst, können kleiner sein, als du denkst. Von guten Solarzellen liefern schon fingergroße Bruchstücke 80 bis 150 Milliampere. Das reicht für die meisten Spielzeugmotoren voll aus. Ob du nun ein, zwei oder mehrere dieser Solarzellen benötigst, hängt von der Spannung ab (Voltzahl), die der Motor benötigt.

Je höher die Spannung, desto mehr Solarzellen werden nötig. Für jedes Volt mußt du mindestens zwei Solarzellen rechnen, weil eine Solarzelle höchstens ein halbes Volt produzieren kann, egal, wie groß sie ist. Wenn dann die Solarzellen in Reihenschaltung verbunden werden, addiert sich ihre Spannung. Dazu werden sie an ihren Polen immer abwechselnd verbunden. Also ein Pluspol wird mit dem Minuspol der nächsten Solarzelle verbunden und so weiter. Die Stromstärke Amperezahl verändert sich dadurch nicht.

Merke: die Spannung (Volt), die ein Motor benötigt, bestimmt die Anzahl der Solarzellen.

Die Stromstärke (Ampere), die der Motor benötigt, bestimmt die Größe jeder einzelnen Solarzelle, egal, wie viele verwendet werden.

Es lohnt sich also, einen Motor mit niedriger Voltzahl zu verwenden, um mit wenigen Solarzellen auszukommen. Wer Solarzellen zur Verfügung hat, kann austesten, ob die Größe ausreicht. Doch wer hat schon die teuren Solarzellen herumliegen? Im Laden zu testen wird nicht gern gesehen.

Wer aber schon zu Hause genau wissen will, wie groß die Solarzellen sein müssen, muß messen, und zwar mit einem Amperemeter im Bereich bis 200 oder 500 Milliwatt (kurz Millis). Natürlich

Mit Akkus und Meßgerät wird der Strombedarf der Motoren gemessen.

geht das auch mit einem Vielzweckmeßgerät, die gibt es ab 20,– DM. Mit ihnen läßt sich außer der Amperezahl auch die Voltzahl und der Durchgangswiderstand in OHM messen.

Zum Messen muß der Motor laufen. Zuvor hast du, wie beschrieben, die Mindestmenge der Batterien herausgefunden. Damit ist die Voltzahl bekannt und die Anzahl der Solarzellen auch. Die notwendige Größe der einzelnen Solarzellen wird jetzt durch das Messen der Amperezahl herausgefunden, die der Motor benötigt.

Das Meßgerät hat zwei Prüfkabel, ein rotes am Minuspol und ein schwarzes am Pluspol.

Am Minuspol der Batterie unterbrichst du das Kabel vom Motor und verbindest es mit der roten Strippe vom Meßgerät. Die schwarze Strippe kommt dann an den Minuspol der Batterie. Nun wird der Motor wieder laufen und das Meßgerät anzeigen. Bremse den Motor ein bißchen an seiner Welle ab und lies jetzt die Amperezahl am Gerät ab. Auf diesen Wert schlägst du noch 20 % auf. Soviel Ampere muß jede Solarzelle liefern.

Beispiel: Du liest 80 Milliampere ab, dann 16 dazu, macht 96, also werden rund 100 Milliampere benötigt. Angenommen, du hast schon Solarzellen zur Verfügung und willst wissen, was sie leisten können. Oder du willst noch im Laden wissen, was sie wirklich leisten. Dazu brauchst du viel Licht und wieder ein Amperemeter oder Vielzweckmeßgerät. Auf dem stellst du einen hohen Meßbereich ein, (z. B. 1000 Millis (= ein Ampere), und hältst je eine Meßstrippe an die Ober- und Unterseite der Solarzelle. Mache die Messungen unter starkem Licht und unter schwäche-

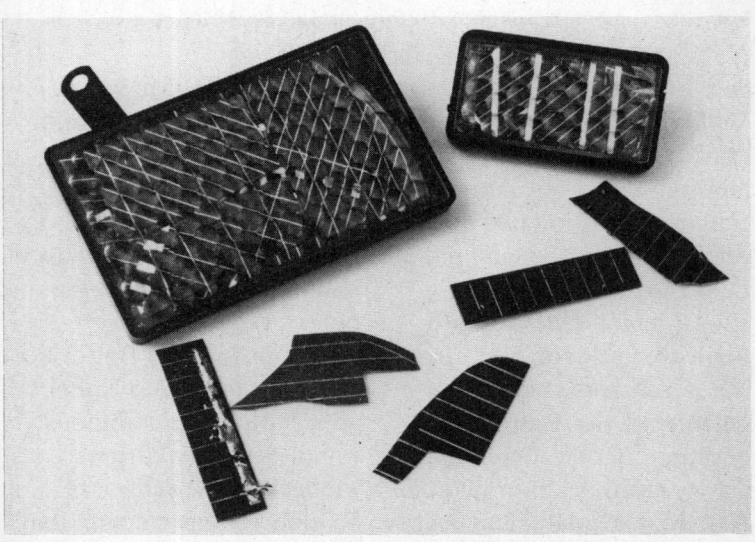

Zum Basteln gut geeignet sind diese Solarzellenbruchstücke, die es auch komplett im Gehäuse gibt.

rem. Weil das Meßgerät hier selbst der Stromverbraucher ist, sind die abgelesenen Millis die maximale und die minimale Stromleistung der Solarzelle. Falls das Gerät nicht anzeigt, tausche die Kabel um. So weißt du auch gleich, wo an der Solarzelle plus und minus ist, denn das ist bei den Solarzellen unterschiedlich.

Wie du auf der Seite zuvor gesehen hast, gibt es auch Solarzellen, die sich in einem Gehäuse befinden. Ihr Vorteil ist, daß sie auf der Rückseite kleine Schräubchen zum Verbinden von Plus- und Minuspol haben. Hier lassen sich Kabel leicht anklemmen. Nicht so bei den rohen Solarzellen. Da müssen die Kabelverbindungen angelötet werden. Ein Kabel an die Oberseite und ein Kabel an die Unterseite. Gerade bei der Verwendung von Bruchstücken ist das Löten besonders wichtig.

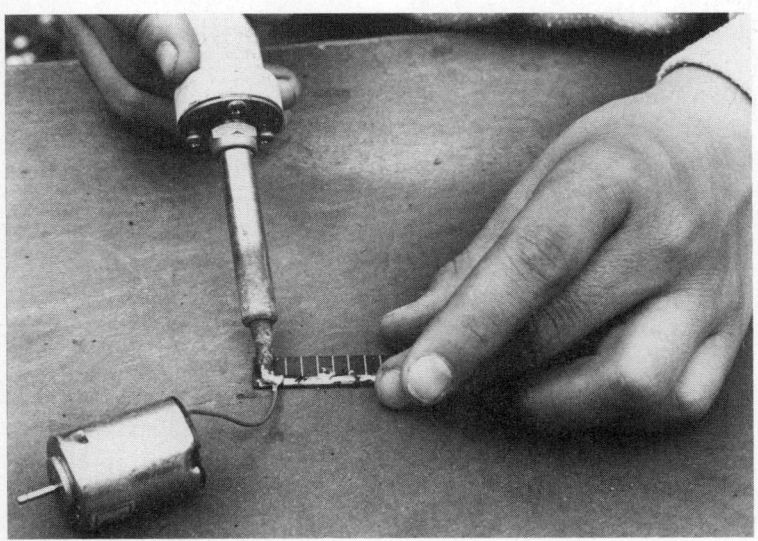

Für gute Stromverbindung wird gelötet.

Vor dem Löten müssen die Kabelenden mit dem Lötkolben verzinnt werden. Auf der Oberfläche der Solarzelle wird das verzinnte Kabel noch einmal kurz mit dem Lötkolben erwärmt und verbunden.

Schwieriger ist es, die silbrige Unterseite zu löten, besonders bei kleinen Bruchstücken. Sie verträgt keine starke Wärme, weil sie sich sonst ablöst. Am besten verwendest du dazu weiches Alulot. Von diesem wird ein heißer Tropfen auf die silbrige Rückseite der Solarzelle geheftet, ohne sie lange zu erwärmen. Mit dem Lötkolben wird der Lötpunkt zusammen mit dem Kabel (bereits verzinnt) noch einmal kurz erwärmt, bis das Lötzinn flüssig wird. Sofort den Lötkolben wegnehmen und pusten, bis die Lötstelle hart ist.

Welche Solarzellen du brauchst, wirst du spätestens im Laden gefragt. Auch mit einem Katalog in der Hand stehst du vor der gleichen Frage, denn es gibt viele Arten und Formen.

Die Beispiele hier im Buch sind mit den dünnen Solarzellen und deren Bruchstükken erstellt worden. Es gibt aber auch Sorten, die in einem Gehäuse sind, wie auf dem Foto. Das ist praktischer, weil sie geschützt sind und zum Anschließen der Kabel nicht gelötet werden müssen. Eine Schraube mit Mutter klemmt das Kabel fest. Für die Verbindung der Solarzellen untereinander sind eigens schraubbare Verbindungslaschen mitgeliefert.

Diese Solarzellen sind ideal, weil sie zum Basteln einfach und unempfindlich sind. Auch der Preis ist günstig, weil sie auch aus Bruchstükken gefertigt sind. Dafür ist auch die Leistung geringer. Vor allem aber benötigen sie helleres Licht, bevor sie überhaupt Strom liefern. Die dünnen Solarzellen gab es ursprünglich nur in runder Form, davon dann auch Halbe-, Viertel- und Achtelstükke. Der Preis für eine runde

Solarzelle liegt zwischen zehn und achtzehn Mark, je nach Größe.

Rechteckige und quadratische Formen sind in den heutigen Angeboten üblicher, oft gibt es sogar kleine Stücke.

Für 6,– DM ist eine Solarzelle mit gut 200 Millis erhältlich. Das ist mehr als genügend für den Direktbetrieb von Motoren und zum Laden von Akkus, siehe ‹Der freundliche Akkulader›, S. 52. Die Größe entspricht der einer Streichholzschachtel. Am preisgünstigsten sind Bruchstücke der dünnen Solarzellen. Die kannst du sehr gut verwenden. Selbst kleine Stücke von Pfenniggröße liefern noch 20 bis 30 Millis. Zum Basteln sind 50 bis 80 Millis die gebräuchlichste Größe, so groß, wie die Reibefläche einer Streichholzschachtel.

Freikonzert ohne Batterien, das ist schon mit billigen Bruchstücken möglich!

Ladegeräte und Generatoren, die man kaufen kann

Ein Gerät, das Strom erzeugt, ist ein Generator. Wenn Solarzellen den Strom für etwas liefern, dann sind sie ein Generator.

Solche Solargeneratoren gibt es auch fertig zu kaufen, wahlweise für Spannungen von 3, 6 und 9 Volt. Damit läßt sich etwas direkt antreiben oder auch Akkus laden.

Der Strom beträgt allerdings nur 50 Millis, bei einem Gerät für etwa 30,– DM.

Ein solares Ladegerät für vier Mignonzellen-Akkus gibt es für weniger als 20,– DM. Wer Mignonzellen in Gebrauch hat, ist damit sehr gut bedient. Im Deckel des Kastens sind die Solarzellen gut geschützt, ebenso wie die Akkus in dem Kasten. Die Preise von Akkus erfährst du im nächsten Kapitel.

Der freundliche Akkulader

Gleich dreimal freundlich ist dieser Akkulader. Er spart Taschengeld, er schont die Nerven, und er schont die Umwelt.

Dafür aber sind zwei grundsätzliche Anschaffungen notwendig: Akkus und Solarzellen.

Mit dem Taschengeld ist das sicher nicht auf einmal zu schaffen, aber dafür brauchst du dann – ein für allemal –

keine neuen Batterien mehr.

Vier bis sechs gute Batterien kosten schon so viel wie ein Akku. Und der ist mindestens hundertmal benutzbar. Wo viele Batterien verbraucht werden, lohnen sich Akkus immer. Für ein Ladegerät müssen 30,– DM gerechnet werden, ohne Akkus.

Die Solarzellen-Bruchstücke für den Akkulader kosten

Soviel Batterien im Jahr können Solarzellen mit Akkus für einen Walkman einsparen.

nicht mehr als 5,– DM. Neue Solarzellen sind nicht teurer als ein Akkuladegerät für die Steckdose, ungefähr 30,– DM. Teurer dagegen kann die Anschaffung der Akkus sein, je nachdem, welche Sorte und wie viele du benötigst. Die gebräuchlichsten Akkus und ihre Preise:

Akku-Zelle	Spannung [V]	Stromstärke [A]	Preise [DM]
Mignon	1,2	0,5	5 bis 6
Baby	1,2	1,8	9 bis 15
Mono	1,2	4,0	20 bis 25
Block	9,0	0,09	19 bis 30

Die Kapazität der Akkus kannst du an den angegebenen Amperestunden ablesen. Dort steht zum Beispiel: 2.0 Ah, dann heißt das: Der Akku ist bei einem Lämpchen von einem Ampere nach zwei Stunden restlos leer, weil zwei Amperestunden verbraucht wurden.

Zum Aufladen der leeren Akkus darf der Ladestrom nur ein Zehntel der Kapazität betragen, also höchstens 0,2 Ampere oder zweihundert Milliampere. Zweihundert Milliampere sind eine gebräuchliche Größe für Solarzellen. Drei Solarzellen dieser Größe müssen es sein, um die notwendige Spannung der Akkus von 1,2 Volt zu erreichen. Mit 1,5 Volt liegen sie sogar über diesem Wert.

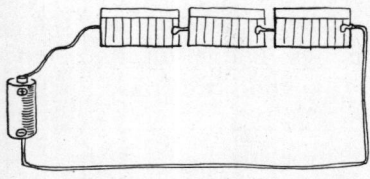

Um diesen Akku aufzuladen, benötigen die drei Solarzellen nicht länger als ein Ladegerät an der Steckdose, nämlich zehn Stunden, allerdings bei gutem Tageslicht.

Bauanleitung

Für einen 3-Volt-Akkulader.

Die preisgünstigste Version mit 7 Bruchstücken kostet 5,– DM. So viel kostet sonst schon eine der sieben Solarzellen, wenn es neue sind. Neue haben natürlich den Vorteil, daß die Leistung einer jeden Solarzelle ungefähr bekannt ist. Der Hersteller gibt sie in Milliampere oder Ampere an, doch Übertreibungen sind nicht selten. Bei diesen Bruchstücken muß die Leistung erst gemessen werden, bevor sie verwendet werden können. Dieser Akkulader leistet bei sehr starkem Licht etwas über vierhundert Milliampere und zweihundertfünfzig bei normalem Licht. Zum Aufladen von zwei oder auch vier Babyzellen-Akkus ist das ausreichend. Vier gleichzeitig sind aber nur möglich, wenn sie zusammen in einem Gerät waren. Das gilt auch für zwei Akkus, denn der Ladestrom muß immer gleich sein. Die Solarzellen könnten sonst zerstört werden.

Vier Akkus gleichzeitig zu laden, ist nur mit einem Trick möglich, denn dazu sind normalerweise doppelt so viele Solarzellen notwendig. Doch weil dieses Ladegerät am Plus- und Minuspol jeweils über zwei Kabel verfügt, können auch zwei Paar Akkus parallel angeschlossen werden, also zusammen vier. Die Akkus müssen aber aus einem Gerät stammen, dürfen also nicht verschieden geladen sein. Zum Aufladen muß die Leistung der Solarzellen so hoch sein, daß sie den doppelten Ladestrom eines Akkus liefern können. Bei vier Babyzellen-Akkus sind es genau 360 Milliampere, die zehn Stunden lang in die Akkus fließen müßten. Fließen mal etwas weniger pro Stunde oder mal etwas mehr, ist das nicht so tragisch. Tragisch ist dagegen, wenn du nachts die Akkus nicht abklemmst. Dann entladen sie sich wieder über die Solarzellen.
Eine Diode verhindert dies zwar, doch sie verschlingt etwa 0,7 Volt an Spannung, das heißt, es wird eine Solarzelle zusätzlich nötig. Diese Universal-Diode kostet 35 Pfennige. Ihr weißer Ring muß immer zum Ladegerät zeigen. Auch zu langes Aufladen ist nicht gut für die Akkus, und schon gar nicht dürfen sie dabei warm werden.

Das Ladegerät auf der nächsten Seite zeigt, wie viele Akkus untergebracht werden können. Über 100,– DM lagern hier, doch bedenke, wieviel Geld du im Jahr für Batterien ausgibst. Dafür gibt es hier Spannungen von 3–12 Volt zur Auswahl. Mit denen läßt sich nicht nur sehr viel antreiben, sondern auch gut experimentieren. Alle wichtigen Spannungen, die zum Basteln gebraucht werden, sind vorhanden. Die Akkus müssen nebeneinander liegen, weil sie verkabelt werden müssen. Für die Anschlüsse am Plus- und am Minuspol sind kleine, nach oben stehende Blechstreifen ausreichend. Sie müssen

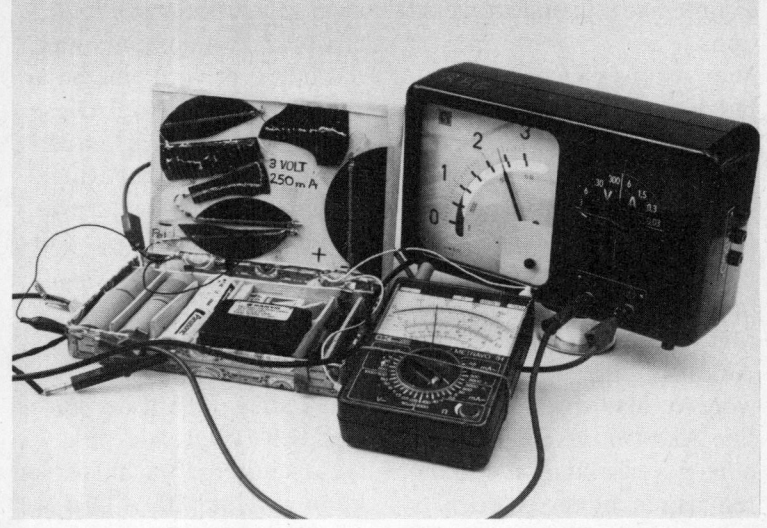

In dieser Energiebox lassen sich viele Akkus gleichzeitig aufladen. Zwei Meßgeräte zeigen hier den Ladestrom der Solarzellen und gleichzeitig die Spannung der Akkus an.

aber fest an die Akkus andrücken, damit sie auch den Strom zum Kabel gut leiten können. Notfalls steckst du eine Feder dahinter, ähnlich wie bei einer Taschenlampe. Es gibt auch Akkus, die haben gleich eine angelötete Fahne. Bei denen klemmst du diese Blechstreifen nur mit Büroklammern und Kabel an, falls du keine Kabel mit Krokodilklemmen hast.

Schütze die Akkus und Solarzellen vor Feuchtigkeit, laß sie deshalb auch nachts nicht draußen stehen. Gut ist ein kleines Akku-Prüfgerät. Damit kannst du jederzeit den Ladezustand der Akkus feststellen.

Das Radio mit Sonnenstrom

Jaulende Musik und schwache Batterien gehören der Vergangenheit an, wenn du auf Batterien ganz verzichtest. Solarzellen, alle zusammen nicht größer als ein Radio selbst, übernehmen direkt die Stromversorgung. Sobald Tageslicht vorhanden ist, stehen dem Radio drei Volt zur Verfügung. Das schaffen sieben kleine Solarzellen. Damit funktioniert das Radio nicht nur bei Sonnenschein, sondern auch zu Hause und am Abend, denn da kann es das Licht einer Lampe mitbenutzen oder von zwei Akkus betrieben werden. Auch diese sind natürlich mit Solarstrom geladen.

Die solare Stromversorgung für das Radio kannst du dir kaufen oder selbst bauen. Für 30,– DM bekommst du ein kleines Solarpaneel. Das reicht für ein Transistorradio

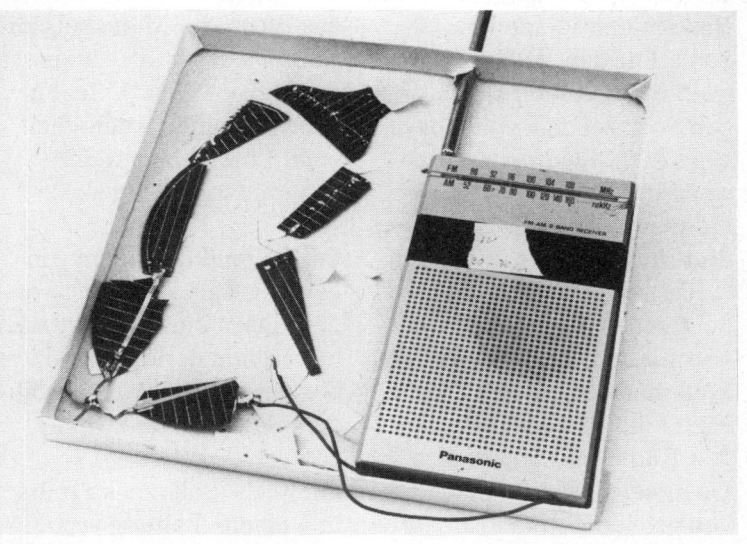

Billige Solarzellenstücke ersetzen die zwei Batterien des Transistorradios.

aus. Selbst gebaut würde es
ca. 20,– DM kosten.
Damit sind deine Energie-
probleme gelöst und die Um-
weltprobleme mit den Batterien auch.

Material

Für das Radio brauchst du
sieben Solarzellen mit mindestens 80 Milliampere (bzw.
soviel, wie das Radio leistet)
in rechteckiger oder dreiek-
kiger Ausführung oder als
Bruchstücke mit entspre-
chender Leistung, siehe ‹Das
Basteln mit Solarzellen›,
S. 44. Für den Walkmanbe-
trieb mit drei Volt sind sieben Solarzellen mit mindestens 200 Milliampere not-
wendig.
Dünnes Kabel – 0,75 Qua-
drat, in weicher Ausführung
(Litze) zum Verbinden der
Solarzellen untereinander sowie mit dem Radio oder dem
Walkman.
Ein Gehäuse zum Einbau
von Radio und Solarzellen.
Geeignet sind die Schachteln
von großen Tonbandspulen.
Für den Walkmanbetrieb

muß es ein stabiles, aber
durchsichtiges Plastikgehäuse sein nur für die Solarzellen.
Ein Transistorradio, das mit
höchstens 2 Batterien läuft,
Ultrakurzwelle (FM) und
Mittelwelle (AM), eine Antenne und einen guten Lautsprecher sollte es auch haben.

Bauanleitung

Zunächst die Batterien ent-
fernen und die Pole säubern.
Ein Kabel muß im Radio an
das Blech des Minuspols angelötet werden, das andere
am Pluspol. Auch Kleben
oder Klemmen ist möglich,
beim Löten aber ist der
Stromübergang am sicher-
sten.
Dieser muß nach dem Ein-
bau der Kabel getestet werden. Dazu die zwei Batterien
hintereinanderlegen und wieder mit den Drähten verbinden. Auf Plus und Minus
achten.
Die sechs Solarzellen müssen
in Reihenschaltung verbunden werden. Das geht nicht

ohne Löten, falls die Solarzellen nicht schon Kabelanschlüsse haben, siehe ‹Wie mit Solarzellen gebastelt wird›, S. 44. Nun den Pluspol vom Radio mit dem Pluspol der ersten Solarzelle verbinden. Deren Minuspol mit dem Pluspol der zweiten Solarzelle usw. Den Minuspol des Radios mit dem Minuspol der letzten Solarzelle verbinden. Wenn alle Verbindungen den Strom durchleiten, muß das Radio bei Licht funktionieren.

Der verrückte Schmetterling

Schmetterlinge bewegen sich nicht gern in der Sonne. Ganz anders verhält sich dieser Schmetterling. Wenn er ein paar Sonnenstrahlen auf seine Flügel bekommt, dann möchte er gleich wegfliegen. Wie wild schlagen seine Flü-

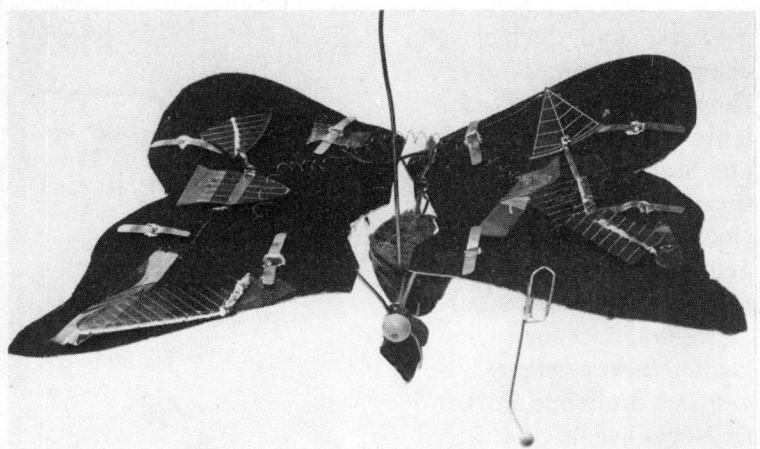

Sieben kleine Solarzellen und ein Elektromotor bringen den Schmetterling kräftig in Bewegung.

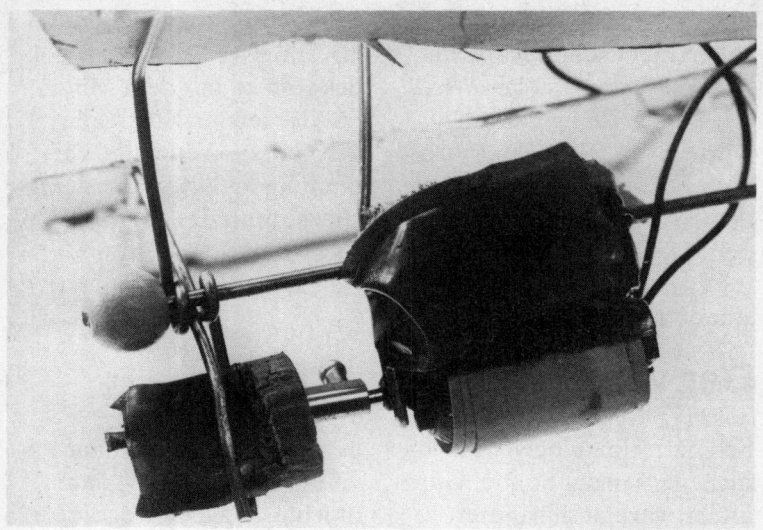

Unter den Flügeln hängt der Antriebsmotor.

gel auf und ab, doch er kann nicht wegfliegen, denn er hängt an einem Bindfaden hinter dem Fenster.
Die Motorwelle dreht einen speziellen Korken, mit einem flachgeschnittenen Teil. Die hohen Kanten dieses Teils nennt man Nocken. Der Korken ist somit eine kleine Nockenwelle.
Der sich drehende Korken als Nockenwelle bewirkt, daß sich die Flügel auf und ab bewegen, siehe Zeichnung.

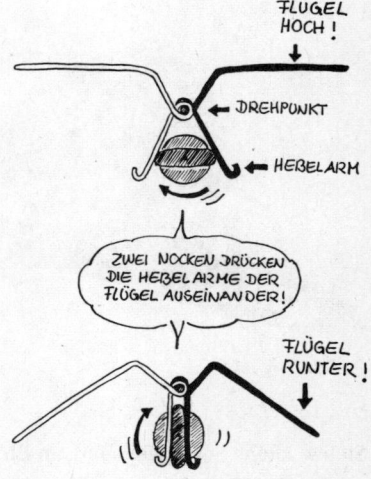

FLÜGEL HOCH!

← DREHPUNKT

← HEBELARM

ZWEI NOCKEN DRÜCKEN DIE HEBELARME DER FLÜGEL AUSEINANDER!

FLÜGEL RUNTER!

Die Flügel haben senkrecht nach unten verlängerte Drähte, die bei jeder Umdrehung des Korkens von den beiden Nocken nach außen gedrückt werden. Diese Bewegung sieht nicht nur gut aus, sie ist auch nicht zu überhören, rattatatatt... immer auf und ab. Dies ist eben kein normaler Schmetterling.

Material

Für das Gestell:
2 Stück Messingdraht, 1,5 mm dick, je 35 cm lang,
1 Stück Messingdraht, 2,0 mm dick, 12 cm lang,
1 Stück Messingdraht, 2,0 mm dick, 4 cm lang,
2 Stück Kupferdraht, 1,5 mm dick, 5 cm lang,
1 Stück Kupferdraht, 1,5 mm dick, 10 cm lang,
Befestigungsmaterial:
1 großer Sektkorken oder 1 Flaschenkorken und zwei stabile Scheiben,
2 Lüsterklemmen, innen 2 mm dick,
7 Paketklammern,

3 Holzkugeln mit 2 mm großem Loch,
2 stabile Pappen von 10 × 20 cm Größe und buntes Klebepapier oder Farbe, Textilklebeband.
Hinweis: wer absolut keinen Messingdraht bekommt, nimmt das harte Baukabel, 1,5 mm, isoliert.

Für den Antrieb:
Einen Elektromotor mit Vorsatzgetriebe, der bei 1–1,5 Volt anläuft (ohne Last) und dabei nicht mehr als 20 Milliampere benötigt.
Vor dem Getriebe soll die Welle ca. 200mal langsamer laufen als die Motorwelle. Geeignete Motoren sind Faulhaber mit Vorsatzgetriebe 1:241 (Preis ca. 30,– DM) oder Getriebemotorbausätze (Preis unter 10,– DM).
Vier bis sieben kleine Solarzellen mit je 20–50 Milliampere, je nach Motor und Betriebsspannung.
Dünnes Kabel oder Spulendraht für die Anschlüsse von Solarzellen und Motor.

Bauanleitung

Der Rumpf

Mit der Motorhalterung
fängst du an. Sie besteht aus
einem Korken.
An der Unterseite trägt der
Korken den Motor, für den
eine runde Ausbuchtung gefeilt werden muß. Wenn der
Motor gut im Korken liegt,
umwickele beides fest mit
Klebeband.

drei Zentimeter aus dem
Korken heraus. Auf diese
Achse steckst du später die
beiden Flügel.

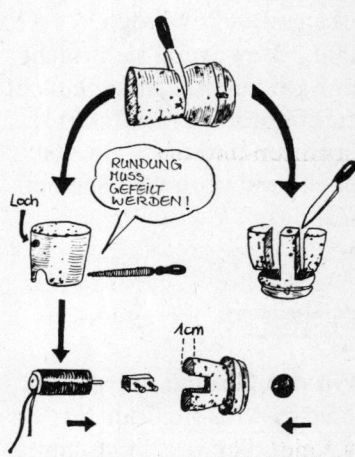

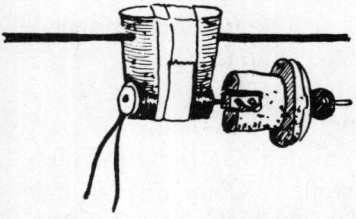

**Ein Korken hält den Motor und die
obere Drehachse der Flügel fest.**

**Ein großer Sektkorken reicht für
Motorhalterungs- und Antriebskor-
ken.**

Die Drehachse der Flügel
liegt drei Zentimeter über
der Mitte des Motors. Sie
muß mit der Richtung des
Motors genau übereinstim-
men. Hier bohre oder steche
ein ganz dünnes Loch und
stecke den oberen Draht
durch. Er muß mit der Richtung des Motors genau über-
einstimmen. Vorn steht er

Der Korken wird so be-
schnitten, daß in der Mitte
nur noch ein Streifen von
einem Zentimeter Breite und
drei Zentimeter Länge stehen bleibt. Längs durch den
Korken mußt du ein ganz
dünnes Loch vorbohren oder
stechen, damit der Draht
noch festklemmen kann.
Dieser Draht muß als Achse

den Korken drehen können und darf nicht rutschen, notfalls kleben. Eine kleine Lüsterklemme verbindet diese Achse mit der vom Motor, die (fast immer) zwei Millimeter dick ist.

Doch vorher muß die Oberfläche des Korkens glatt geschliffen und die Kanten angerundet werden, damit der Draht gut gleiten kann.

Auch umwickeltes glattes Klebeband verbessert das Gleiten der beiden Drähte.

Auch innen abgeflachte Spulen, wie hier von der Nähmaschine, eignen sich als Antriebe der Hebelstangen.

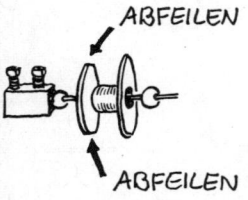

ABFEILEN

ABFEILEN

Diese Nähmaschinenrolle hat die geringste Reibung.

Diese Lösung bewirkt auch eine größere Flügelbewegung nach oben und unten.

Die Hebelarme müssen aber entsprechend nachgebogen werden.

Das Flügelgestell
Jeder Flügel besteht aus nur einem Messingdraht von 35 cm Länge. Da ist die untere Hebelstange gleich mit dran, und mit dieser wird auch angefangen. Doch zeichne dir erst einen Biegeplan auf, aber in Originalgröße. Beim Basteln kannst du an dem alle Maße und Winkel überprüfen.

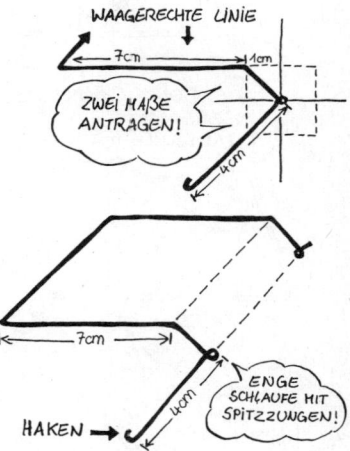

WAAGERECHTE LINIE

7cm — 1cm

ZWEI MASSE ANTRAGEN!

4cm

7cm

HAKEN →

4cm

ENGE SCHLAUFE MIT SPITZZANGEN!

Nach einem Biegeplan werden der Flügel und die Hebelstange gebogen.

Der Anfang des Drahtes beginnt mit einem kleinen Haken. Vier Zentimeter weiter kommt eine Schlaufe, die sich einmal um die eigene Achse dreht. Benutze eine Rund- oder Spitzzange. Die Schlaufe muß hinterher sehr eng sein, deshalb mußt du sie mit der Hand noch etwas enger ziehen. So weit, daß der zwei Millimeter dikke Draht, der hindurch muß, gerade noch durchpaßt. Hinter der Schlaufe muß das Ende des Drahtes etwa im Winkel von sechzig Grad schräg nach oben zeigen.

Nur anderthalb Zentimeter lang ist dieses Stück, dann kommt der Knick in die waagerechte Ebene der Flügel. Vergleiche dazu immer mit deinem Biegeplan die Winkel und Maße.

Der vordere Draht des Flügels ist fünf Zentimeter lang und knickt im rechten Winkel nach hinten weg. Dieser Knick geht einfach, wenn du ihn an einer Tischkante biegst. Den überstehenden

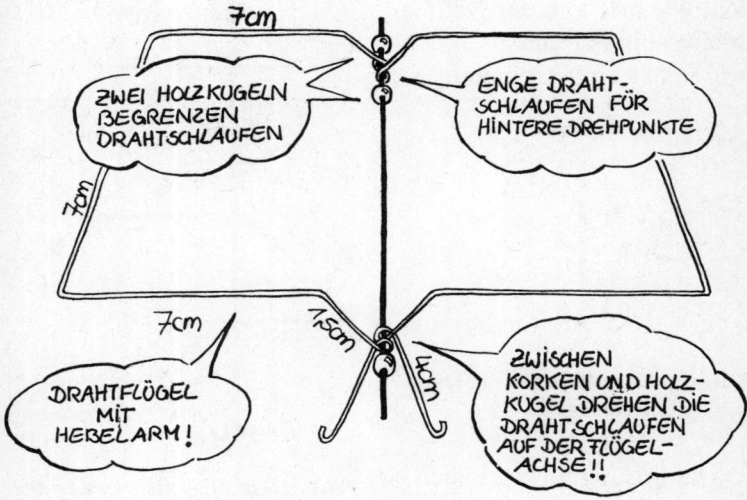

Sind die Flügel richtig gebaut?

Draht einfach senkrecht nach unten knicken, während der andere Teil flach auf dem Tisch liegt. Der hintere Draht ist genau wie der vordere Draht gebogen und verläuft auch parallel zu diesem. Achte auf die Schlaufe am Ende. Auch sie muß eng sein, sonst schlappert später der Flügel.

Den zweiten Flügel kannst du zunächst genauso biegen, obwohl er seitenverkehrt sein muß. Der Knick an der Tischkante verläuft deshalb in die andere Richtung. Dazu liegt der Draht andersherum auf dem Tisch.

Zur Probe steckst du durch alle vier Schlaufen einen Draht als Behelfsachse. Nun kannst du die Drehbarkeit der Gelenke testen und entsprechend nachbiegen. Die Schlaufen sollen jeweils eng aneinander liegen, aber nicht verhaken.

Die Flügeldrähte kannst du nun auf die obere Achse der Motorhalterung stecken. Holzkugeln mit passender Bohrung verhindern das Verrutschen der Flügel.

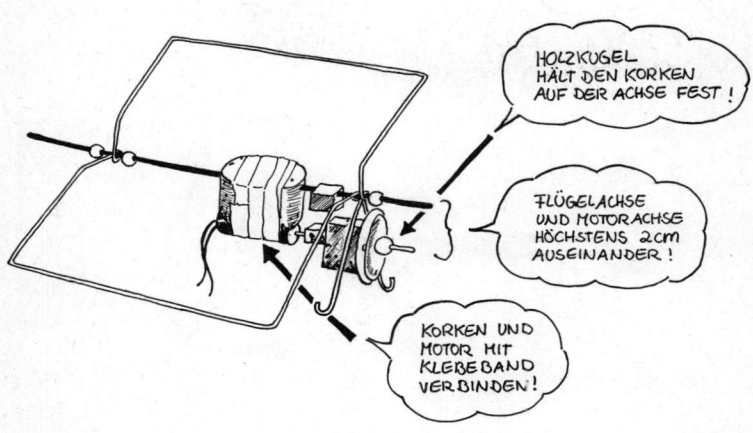

Das Gerippe des Schmetterlings.

Die Flügel

Aus stabiler Pappe schneidest du sie aus. Die Form des Flügels wie auch die Bemalung bleiben deiner Phantasie überlassen. Der Flügel soll aber nicht viel breiter als der Rahmen sein. In der Länge darf er vorn und hinten gut fünf Zentimeter überstehen. Mit sechs Paketklammern ist jeder Flügel am Draht befestigt. Sie werden von unten um den Draht herumgebogen und führen durch einen Schlitz in der Pappe nach oben. Oben liegen sie flach umgebogen auf den Flügeln.

Zum Schluß noch die Fühler. Dazu zwei Drähte an die Büroklammern anlöten und vorn zwei leichte Kugeln draufstecken.

Der Solarantrieb

Vor der Montage der Solarzellen solltest du sie auch unter Last testen. Löte vier bis sieben Solarzellenstückchen in Reihe und verbinde sie durch zwei Hilfskabel mit dem Motor des Schmetterlings. Gib den Solarzellen starkes Licht, dann muß der Schmetterling flattern.

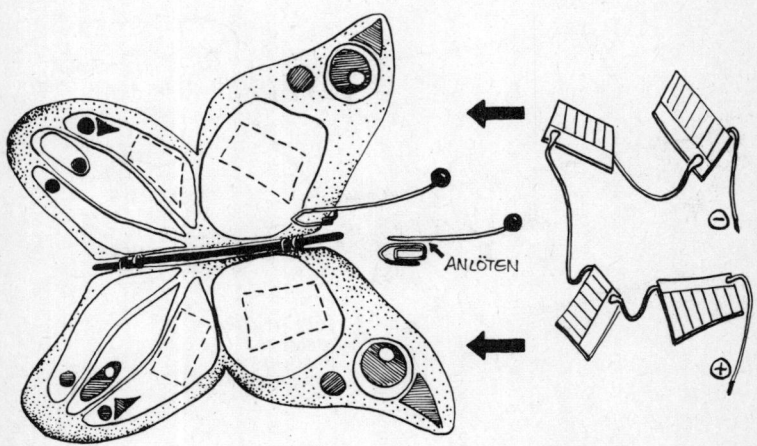

Die Solarzellen vor der Montage.

Erst wenn dieser Test befriedigend gelaufen ist, solltest du die kostbaren Solarzellen auf die Flügel setzen. Mit dem Kabel lassen sie sich an den Paketklammern befestigen, zur Not auch mit Klebestreifen. Doch wackeln dürfen sie nicht bei dem Hin und Her. Die Anschlußkabel zum Motor mußt du, wegen der besseren Stromübertragung, löten. Nun kannst du deinen Schmetterling zum Leben erwecken.

Das Solarflieger-Karussell

Strom aus Lichtenergie treibt diese Flugzeuge an.

Lautlos kommt der kleine Solarflieger angeschwebt. Direkt in den Lichtschein einer Lampe fliegt er. Kaum fällt das helle Licht auf die Oberseite der Flügel, da surrt auch schon der Propeller los. Ein Elektromotor

Auf den Tragflächen liegen die Solarzellen.

treibt ihn an. Zwei Solarzellen wandeln Licht in Strom um und versorgen damit den Elektromotor, der den Propeller dreht.

Dünn wie Pappe und nicht größer als die Reibefläche einer Streichholzschachtel sind die zwei Solarzellen, die auf den Tragflächen der Flugzeuge liegen. Damit werden die beiden Flieger so schnell, daß sie richtig in Schräglage durch die Kurve ziehen. Sie sind durch einen Drahtbügel verbunden, der

sich um seine Mittelachse herum drehen kann. So sausen die Flieger, wie bei einem Kettenkarussell, immer im Kreis herum, sofern sie genügend Licht haben. Der Trick am Solarfliegerkarussell ist, daß es sich ganz leicht dreht. Nur so können sich die kleinen Flieger überhaupt bewegen. Ein Kugellager hätte schon zuviel Reibung. Eine Nadelspitze dagegen dreht sich leicht, weil die Reibungsfläche winzig klein ist. Die Nadel muß im-

Auf einer Nadelspitze dreht sich dieses Fliegerkarussell.

derer Trick angewandt werden, der in der Bauanleitung genau beschrieben ist.

Material

Balsaholz: 2 mm dick, für Flügel und Leitwerk; für den Rumpf wird es doppelt geklebt oder dickeres Holz verwendet, Größe nach Muster. Für die große Ausführung besser dünnes Sperrholz (Laubsägenholz) mit wetterfester Farbe verwenden.

Elektromotor: Muß für den Solarantrieb geeignet sein oder getestet werden. Es eignen sich Spielzeugmotoren wie Marbucchi FA 160 oder RE 280. In speziellen Elektronikgeschäften und Versandhäusern gibt es Motoren komplett mit Solarzelle für etwa 10,– DM. Auch Motoren aus Kasettenrecordern sind geeignet, sie müssen aber vorher mit Solarzellen getestet werden. ‹Wie mit Solarzellen gebastelt wird› siehe S. 44.

Propeller: zweiflügelig, aus Kunststoff, Durchmesser bis fünf Zentimeter (im Modell-

mer gerade stehen. Aber das ist leicht zu lösen, wenn ein Gleichgewicht herrscht. Wie bei einer Wippe muß die Nadel dort sein, wo der Schwerpunkt ist, ungefähr in der Mitte des Drahtbügels. Zum Glück läßt sich diese Nadel hin und her schieben, so lange, bis alles gerade hängt. Selbst wenn die Flieger beim Start noch wild hin und her schaukeln, rührt sich die Nadelspitze auf dem Flaschendeckel nicht von der Stelle. Doch dazu muß noch ein an-

baubedarf oder Spielzeug-
handel).
Solarzellen: zwei Stück, je
2 × 4 cm groß (bei ca 50 Milliampere und ½ Volt).
Draht: Messingdraht 1,5 mm
dick, 60–80 cm lang – für das
kleine Karussell –;
2–3 Stück verzinkter Eisendraht, 6 mm dick, 2 m lang –
für das große Karussell.
Außerdem: Korken, Gum-
mibänder, Nadel, Klebstoff,
Lötzinn, Kabel und Farbe.

Bauanleitung

Der Solarflieger
Die Bastelarbeit geht leicht,
und der Erfolg stellt sich
schnell ein. Die Holzarbeiten
am Flugzeug sind auch für

Ungeübte in dreißig Minuten
fertig. Die Solarzellen mit
dem Motor zu verkabeln ist
nicht schwieriger, als ein
Lämpchen an eine Batterie
anzuschließen. Das Drahtgestell für dieses Karussell aus-
zubalancieren ist keine
Schwierigkeit. Das Gleichgewicht muß stimmen, ob nun
große oder kleine Flieger, ob
zwei, vier oder sechs daran
hängen. Wie das gemacht
wird, ist am Schluß dieser
Bauanleitung genau erklärt.

Der Rumpf
Als erstes muß die Flugzeug-
form aufs Papier. Die hier
gezeigten Maße sind für die
kleinste Version. Sie wiegt
wenig und kommt mit zwei
Solarzellen aus.

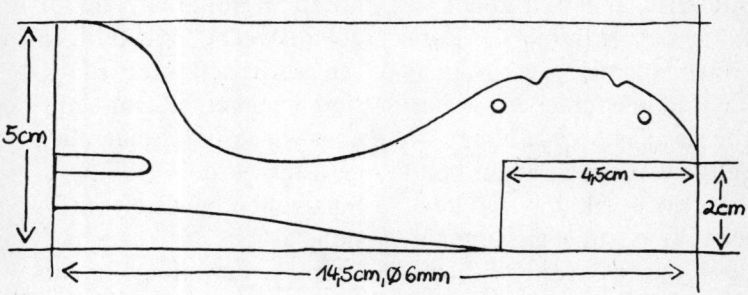

Der Rumpf des Fliegers trägt den Motor und die Tragflächen.

Die Form des Fliegers kannst du verändern. Flugtauglich kann er ohnehin nicht werden, dazu sind die Motoren zu schwer. Übertrage von deinem Plan die Form des Flugzeugs mit Blaupapier auf das Holz. Beachte, daß an der Rumpfnase der Motor untergebracht ist. Halte ihn am besten auf den Plan, damit du sehen kannst, wie groß der Ausschnitt werden muß. Das Aussägen läßt sich wegen der Rundungen am besten mit der Laubsäge machen. Benutze dazu ein Laubsägenbrett mit Klemmschraube und nicht die Tischkante. Dünnes Balsaholz kann auch mit einer scharfen Messerspitze geschnitten werden.

Das Bohren der drei Löcher an diesem Rumpf ist eine Sache für den Drillbohrer mit Handbetrieb. Drei oder vier Millimeter im Durchmesser sollen die Löcher sein, und das Holz darf sich dabei nicht spalten. Das dritte Loch am Heck muß vor den beiden Einschnitten gemacht werden, sonst könnte dieser Schlitz schon beim Sägen aufspalten (siehe Zeichnung). Der Schlitz muß so breit sein, wie das Holz der Heckflügel dick ist.

Die Tragfläche
Dieser Flieger hat eine durchgehende Tragfläche. Sie trägt nicht das Flugzeug, sondern die Solarzellen. Deshalb braucht sie auch nicht groß zu sein.

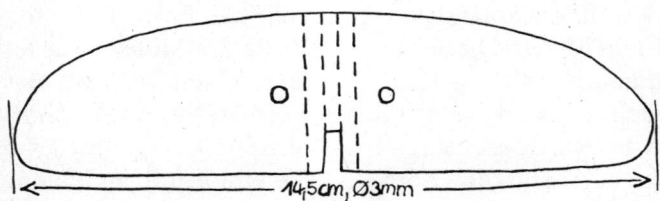

Die Tragfläche erhält zwei Löcher und zwei Leisten.

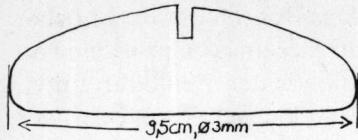

Das Höhenruder bekommt einen Einschnitt.

Löcher und Leisten

Nachdem die Tragfläche ausgesägt ist, klebst du die zwei kleinen Leisten auf die Unterseite der Tragfläche. Sie sitzen rechts und links neben dem Rumpf und klemmen ihn sozusagen richtig ein. Zwei Löcher bekommt diese Tragfläche noch für das Gummiband. Fünf bis sechs Millimeter dick sollte der Bohrer für die Löcher sein.

Der Solarantrieb

Mit dünnen Kabeln von fünf Zentimeter Länge verbindest du die Solarzellen mit dem Motor. Diese Verbindungen müssen gelötet werden: ‹Wie mit Solarzellen gebastelt wird›, siehe S. 44. Unter einer starken Lampe testest du den Flugantrieb komplett mit Propeller, Elektromotor und den Solarzellen aus. Erst wenn der Propeller genügend Wind hinter sich macht, ist er einbaufertig. Weht aber der Wind vor dem Propeller, so ist er falsch herum gepolt. Plus und Minus müssen vertauscht werden. Falls sich der Propeller noch zu langsam dreht, überprüfe, ob die Solarzellen wirklich hintereinander in Reihe geschaltet sind, also von Plus nach Minus verbunden sind. Falls ein Volt für deinen Motor nicht ausreicht, könnten drei oder vier Solarzellen nötig werden, auch die mußt du alle in Reihe schalten. Nur so kommt die erhöhte Spannung von anderthalb oder zwei Volt zusammen. Doch das muß vorher getestet werden.

Probleme kann die Befestigung des Propellers auf der Welle des Motors machen. Ist die Welle zu groß für das Loch im Propeller, dann erhitze sie kurz mit der Kerze. Sie schmilzt dann in den Kunststoff des Propellers hinein.

Ist die Welle zu klein für das Loch, dann hilft ein Stück vom Fahrradventilgummi, das du dazwischenklemmst. Notfalls paßt auch ein kurzes Stückchen von einer Kulimine darüber. Das andere Ende wird dann in den Propeller geschoben.

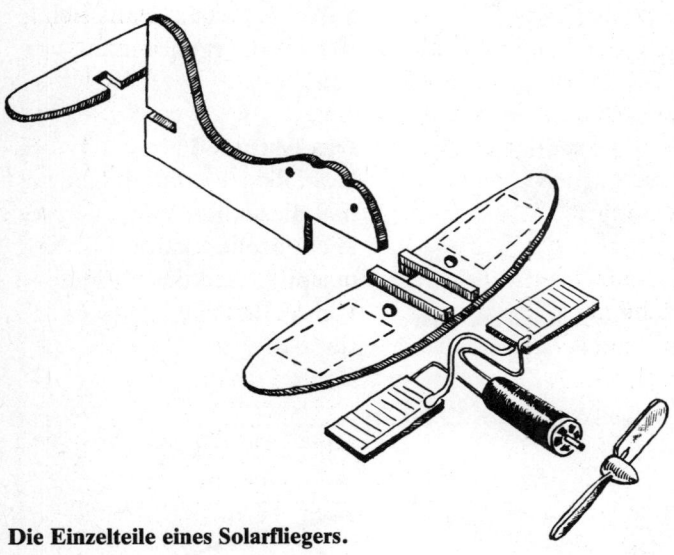

Die Einzelteile eines Solarfliegers.

Die Montage

Jetzt kann der gesamte Antrieb in das Flugzeug eingebaut werden.

Vorsichtig werden die Solarzellen auf der Tragfläche befestigt und der Motor unter die Tragfläche geschoben. Das Gummiband von unten um den Motor herumlegen und beide Enden durch die beiden Löcher in der Tragfläche stecken. Die beiden Schlaufen, die oben entstehen, müssen oben über den Rumpf hin-

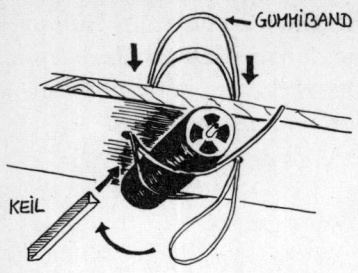

So wird das Gummiband um Solarfläche und Motor geschlungen.

weg (kleine Kerbe) um die Enden der Tragfläche herum gespannt werden. Danach rutscht das Gummi wieder bis an den Rumpf heran und hält, von unten, die Tragfläche gegen den Rumpf. So kann durch Lösen des Gummibandes auch alles wieder auseinandergenommen werden.

Das Karussell
Zwei Tricks ermöglichen, daß dieses Karussell sich so leicht drehen kann: die Nadelspitze und das Gesetz vom «Gleichgewichtszustand».

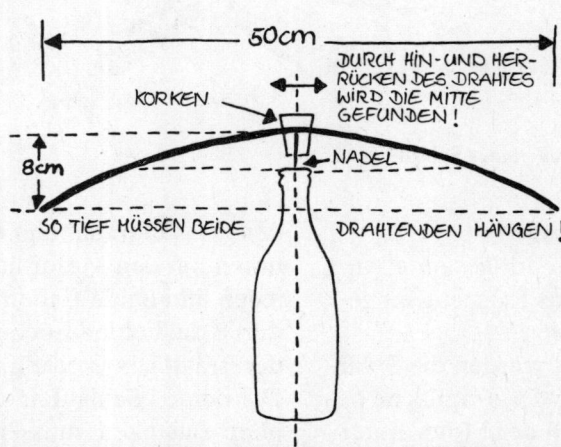

Eine tiefe Schwerpunktlage macht dieses Karussell «stabil».

Es erfordert praktisch keine Kraft, eine Nadel auf der Spitze zu drehen, denn die Reibungskräfte sind fast Null.

Die Nadel ist genau in der senkrechten Achse vom Schwerpunkt der beiden Flieger angebracht und kann deshalb immer gerade stehen.

Doch erst dadurch, daß die beiden Solarflieger weit unterhalb der Nadelspitze hängen, um die sie sich drehen, wird das Karussell schaukelsicher. Je tiefer die Schwerpunktlage ist, desto stabiler ist die Gleichgewichtslage. Deshalb muß der Schwerpunkt viel tiefer als der Drehpunkt liegen, jedoch auf einer senkrechten Achse.

Die Nadel schaukelt also weniger, wenn der Drahtbügel stärker nach unten gebogen ist.

Der Draht, an dem immer zwei Flieger hängen müssen, mit der senkrecht stehenden Nadel wie zu einem Kreuz verbunden sein. Wenn die Nadel angelötet wird, hält

sie zwar sehr gut, kann aber nicht mehr verschoben werden. Nicht so elegant, aber viel praktischer ist ein Korken. Für größere Modelle oder bei mehreren Fliegern ist der große Korken einer Thermosflasche günstiger.

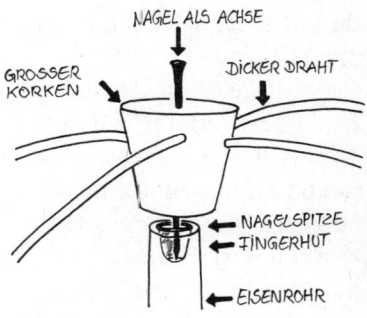

An diesem Korken hängen vier große Flieger.

Die tragenden Drähte, an denen die Flieger hängen sollen, müssen sorgsam durch den Korken gesteckt werden. Die Löcher im Korken müssen dazu vorgebohrt werden, sonst platzt der Korken.

An der Unterseite, genau in

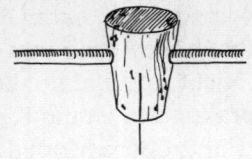

Nur wenig soll die Nadel aus dem Korken herausstehen.

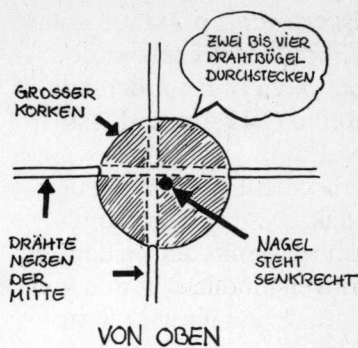

ZWEI BIS VIER DRAHTBÜGEL DURCHSTECKEN

GROSSER KORKEN

DRÄHTE NEBEN DER MITTE

NAGEL STEHT SENKRECHT

VON OBEN

Auch hier wird durch Verschieben der Drähte die Schwerpunktlage ermittelt.

der Mitte des Korkens, muß die Nadel stecken. Nur ein bis zwei Zentimeter darf sie lang sein, den Rest kneifst du mit einer scharfen Zange ab. Mit einer Flachzange schiebst du dann das stumpfe Ende der Nadel in den Korken. Nur einen halben Zentimeter soll die Spitze zu sehen sein. Bei dem großen Korken darf es auch ein dünner Stahlnagel sein, der dann von oben durch den Korken geschoben wird. In einem Fingerhut steht er sogar sturmsicher.

Schon ohne die Flugzeuge muß sich der Korken mit den Drähten auf einem Flaschendeckel drehen können, ohne besonders stark zu wakkeln.

Herrscht Ungleichgewicht, dann läßt sich der Draht im Korken verschieben. Das Gleichgewicht stimmt dann, wenn die Nadel im Korken senkrecht steht. Diese Einstellungsarbeit muß mit den Fliegern zusammen gemacht werden.

Welches Licht?

Das Flaschenkarussell kann sich im Zimmer drehen, wenn es eine Schreibtischlampe von 60 bis 100 Watt mitbenutzt.

Die Lichtquelle braucht die vorbeisausenden Flieger nur an einer Stelle ihrer Flugbahn zu beleuchten. Die Propeller sausen dadurch nur eine kurze Zeit los, doch dieser Schub reicht für eine schnelle Runde aus. Zudem sind es ja zwei Propeller, die pro Runde für Schub sorgen. Bei dieser Anwendung des Lichts wird jedem die Arbeitsweise der Solarzellen gut verständlich.

Das Riesen-Solarfliegerkarussell, so wie du es hier auf dem Foto siehst, steht immer im Freien. Die Flugzeuge sind doppelt so groß wie die in unserer Anleitung und benötigen vier Solarzellen für den Motor. Dafür sind nur zwei Flugzeuge motorisiert, der Rest wird mitgeschleppt. Schön dabei ist, daß der Phantasie hier keine Grenzen gesetzt sind. Als Flugzeugmodell kann ein Jumbo ebenso herumsausen wie ein alter Doppeldecker, mit oder ohne Motor.

Fast zwei Meter im Durchmesser ist dieses Solarfliegerkarussell mit vier Flugzeugen.

Das Solarmobil

Lichtenergie treibt dieses dreirädrige Solarmobil an.

Ein Unikum aus Draht und Dosendeckeln ist dieses Dreirad. Es fährt ohne Batterien tagelang herum, unter dem Schein einer Lampe auch nachts.

Zwei Kabel leiten den Strom zum Motor. Der Motor sitzt direkt am Hinterrad und treibt es an. Weil Elektromotoren eigentlich viel zu schnell drehen für ein Rad, hat dieser gleich ein kleines Getriebe. Dadurch dreht sich das Rad einhundertvierzigmal langsamer als der Elektromotor. Aber dafür hat das Rad jetzt Kraft und kann auch ein Streichholz überqueren.

Dieses Spielzeug ist natürlich kein Rennwagen, aber auch keine Schnecke. Außerdem kostet es nicht zuviel. Die große Ausführung dieses Mobils hat sechs Solarzellen

Das Solarmobil ist auch als Transportmittel geeignet.

und schafft bei gutem Sonnenschein sogar Schritttempo. Doch Solarzellen sind nicht billig.

Material

Messingdraht,1,5 mm dick, oder isolierter Kupferdraht (Kabel) in 1,5–2,5 mm Dicke (für alle Drahtarbeiten am kleinen Solarmobil).
Oder verzinkten Eisendraht 2–2,5 mm dick (nur für das große Solarmobil).
Vier Deckel von Alete- oder Hippgläsern, mit angegebenem Mittelpunkt für die Löcher im Rad. Für das Vorderrad werden zwei Deckel ineinandergesetzt.
Eine Hohlniete, innen 3–4 mm dick oder kurzes Röhrchen, durch das die zwei Drähte der Vorderradgabel durchpassen müssen.
Zwei Schrauben, 3 mm dick, 3 cm lang, mit insgesamt 16 Muttern und 6 Unterlegscheiben (für das Vorderrad und das linke Hinterrad).
Eine Schraube, 2 mm dick, 10 mm lang (als Achse zwischen dem rechten Hinterrad und der Lüsterklemme).
Eine Lüsterklemme mit zwei Verschraubungen und 2 mm dicker Bohrung (zwischen Motor und Rad).
Ein Elektromotor mit vorgesetztem Getriebe im Verhältnis von 1:140 bis 1:240 (bei dem großen Modell). Bei 1–1,5 Volt soll er anlau-

fen und dabei nicht mehr als 50 Milliampere benötigen.
Der hier abgebildete Motor ist ein Faulhabermotor mit Vorsatzgetriebe (etwa 30 DM). Als Bausatz gibt es Getriebemotoren schon ab etwa 10 DM in Bastel- und Modellbaugeschäften.
Zwei Solarzellen, jede so groß wie die Reibefläche einer Streichholzschachtel, mit 30–50 Milliampere.

Bei einigen Motoren werden mehr Solarzellen benötigt, weil sie eine höhere Spannung brauchen, siehe ‹Wie mit Solarzellen gebastelt wird›. S. 44.
Solarzellen dieser Größe kosten pro Stück etwa 4–6 DM, wenn du Bruchstücke bekommst nur 1–2 DM.
Für die Anschlüsse der Solarzellen ist dünnes Kabel oder ein Spulendraht ausreichend.

Werkzeuge

Spitzzange und Flachzange zum Biegen,
Seitenschneider oder Kneif-
zange zum Abkneifen der Drähte,
kleine Feilen und Stahlwolle zum Säubern der Drähte für die Lötverbindungen,
Lötkolben, 40–80 Watt, oder Lötpistole.

Bauanleitung

Zu dieser Bastelarbeit mußt du hauptsächlich Löcher bohren, Drähte biegen und löten.

…Räder löchern

In der Mitte der Deckel müssen Löcher für die Achsen sein. Dies sind kleine Schrauben, 3 mm dick. Die Schraube am Rad des Motors darf aber nur 2 mm dick sein oder so dick, wie die Motorwelle dick ist.
Für das Vorderrad müssen zwei Deckel gelocht werden, weil sie als Doppelrad ineinanderstecken. Die Mitte des Deckels genau zu finden ist bei den Alete oder Hipp-Deckeln einfach. Sie haben dort eine Delle oder einen Punkt. Schwierig wird es bei großen Deckeln, die haben

keine Markierung. Nur mit dem Zirkel kannst du den Mittelpunkt finden.
Beim Durchschlagen des Loches muß der Deckel mit seiner Blechseite fest auf einem Holzklotz aufliegen. Erst dann darfst du mit dem Hammer einmal kräftig zuschlagen. Der Nagel steckt dann im Holz, aber das Loch ist im Deckel. Mit einer Feile entschärfst du die Ränder des Lochs. Überprüfe aber, ob die Schraube noch durchpaßt. Wenn ein Loch zu groß geworden ist, nimmst du am besten gleich größere Schrauben, sie sollen aber nicht dicker als 5 mm sein.
Achtung! Wenn die Löcher nicht genau in der Mitte sitzen, dann humpelt das Rad später.
Das sieht zwar ganz lustig aus, kostet aber zuviel Kraft.

Draht verbiegen...
Du brauchst zunächst einen Biegeplan. Zeichne ihn aufs Papier. Nach diesem Plan verbiegst du dann den Draht so, bis er paßt.

Wer ein größeres Modell bauen will, nimmt die doppelten Längen für die Drähte.

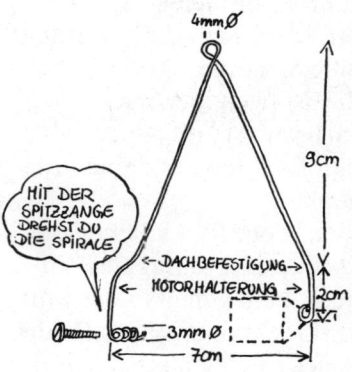

Am Rahmen sind die Räder, der Motor und die Vorderradgabel befestigt.

Am linken Rad fängst du mit dem Biegen an. Wie eine Spirale muß sich der Draht um die dünne Schraube wickeln. Erst mit der Spitzzange drei Windungen drehen, dann die Schraube durchstecken und mit der Hand den Draht andrücken. Die Schraube muß sich aber noch leicht drehen lassen.
An der Vorderradgabel biegst du die nächste Drahtschlaufe gleich um die Niete

herum. Die Schlaufe schnürt sie richtig ein, später wird sie hier verlötet.

Die Gabel besteht aus zwei zehn Zentimeter langen Drähten. Sie erhalten unten eine Schlaufe. Steck durch diese gleich die Achse (Schraube) und leg sie mit den Drähten auf deinen Biegeplan.

Über dem Rad knicken die Drähte erst schräg nach innen, dann genau in der Mitte senkrecht nach oben. Beide Knicke müssen scharf gebogen sein, benutze dazu eine Zange. Die beiden oberen Enden müssen noch durch die Niete passen. Doch vorher verdrehst du sie einmal mit der Zange um die eigene Achse herum. Von oben auf die Niete kommt noch ein kleines Scheibchen darüber. Dann können die zwei Drähte, die herausschauen, zu einem Fahrradlenker auseinandergebogen werden. Zum Schluß wird der Lenker mit dem Scheibchen verlötet.

Nun hast du ein drehbares Vorderrad mit Lenker.

Der Haltbarkeit wegen kommt noch ein Lötpunkt an den Lenker und unterhalb der Niete, jeweils dort, wo die Drähte auseinanderbiegen. Das Vorderrad montiere so, daß der Blechdeckel mit der Achse verbunden ist.

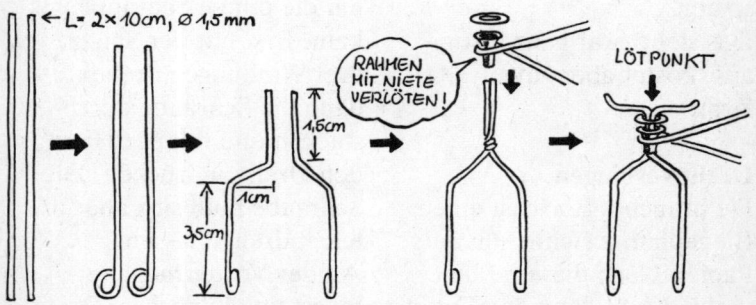

Aus zwei Drähten besteht die dünne Vorderradgabel mit Lenker.

Diese Achse dreht sich in den Drahtschlaufen. Die äußeren Muttern dürfen diese deshalb nicht festklemmen und müssen locker sitzen. Ein Tupfer UHU-Hart hinter die Muttern verhindert, daß sie sich abdrehen.

Das Dach ist aus einem durchgehenden Draht gebogen. Am Ende der Drähte müssen noch zwei längere Haken gebogen werden, die später am Rahmen angelötet werden. Oben erhält das Dach noch zwei Querträger aus Draht, die auch angelö-

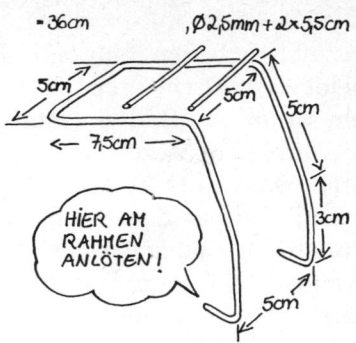

Das Dach muß immer waagerecht stehen.

tet werden. Der Abstand dazwischen muß so sein, daß die Solarzellen gut aufliegen können.

Der kleine Elektromotor mit dem Vorsatzgetriebe treibt direkt das Rad an.

Die Motorhalterung verlangt genaues Arbeiten. Nur die beiden Drahtschlaufen halten Motor und Rad. Sie müssen direkt am Motor verdreht werden. Dazu die Drähte mit der Zange ganz kurz fassen und höchstens zweimal verdrehen. Ein zusätzliches Klebeband verhindert, daß der Motor sich drehen könnte.

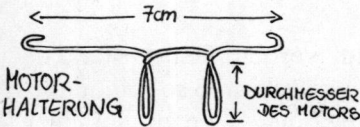

Dieser Draht hält den Motor mit dem Rad.

Richtig Löten...
Zuerst beide Drahtstellen mit Stahlwolle abreiben, bis der Draht glänzt,
dann jeden Draht einzeln verzinnen, das heißt, ihn mit dem Lötkolben erwärmen, bis das Lötzinn am Draht zerfließt.

<u>Achtung, die Drähte nur mit der Zange festhalten, sie werden sehr heiß!!!</u>

Nun beide verzinnten Drahtstellen zusammenhalten und kurz mit dem Lötkolben berühren.
Sobald das Lötzinn in die Zwischenräume der beiden Drähte sickert, sofort weg mit dem Lötkolben und kräftig pusten, damit es abkühlen und schnell erhärten kann.
Nun wird es spannend, denn das Gefährt nimmt Formen an. Bislang steht der Rahmen auf dem Vorderrad, und hinten fehlt noch alles.
<u>Das linke Rad</u> muß mit seiner Achse verschraubt werden (2 Muttern), bevor diese durch die linke Radschlaufe gesteckt wird. Das Rad muß leicht drehen können, sonst kostet es zuviel Kraft. Zwei Muttern am Ende der Achse verhindern, daß sie rausrutscht. Eine Holzkugel, die auf der Achse klemmt, tut's auch. Hauptsache, die Schraube dreht sich noch leicht.
<u>Das rechte Rad</u> wird komplett mit dem Motor eingebaut. Dabei muß es genau gegenüber von dem linken

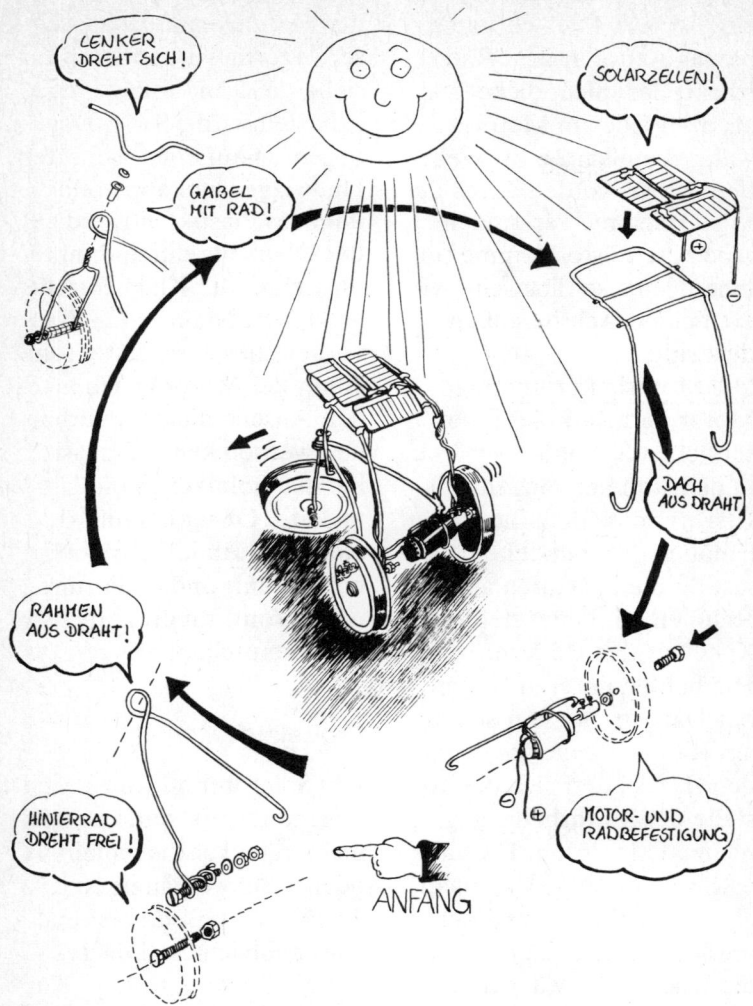

In dieser Reihenfolge werden die Einzelteile zu einem Solarmobil montiert.

Rad stehen. Die Schraube, die als Achse in dem Rad steckt, darf nicht dicker sein als die Welle am Motor, wahrscheinlich 2 mm. Welle und Achse werden durch die Lüsterklemme verbunden. Auch die Lüsterklemme soll innen genauso dick sein, wie die beiden Achsen außen dick sind.

Die Motorhalterung trägt Motor und Rad. An ihren seitlichen Schlaufen wird sie in den Rahmen eingehängt. Erst wenn beide Hinterräder genau gegenüberstehen, lötest du die Schlaufen am Rahmen an. Dann steht die Kiste auf den Rädern.

Die beiden unteren Haken der Dachstreben müssen nun am Rahmen angelötet werden. Dabei darf sich die Lötstelle der Motorhalterung nicht wieder lösen. Deshalb erwärme den Rahmen nicht länger als nötig. Das Dach mußt du so nachbiegen, daß die Dachfläche waagerecht steht. Nur so erhalten die Solarzellen später von jeder Seite gleiches Licht.

Die Solarzellen müssen vor der Montage auf das Dach schon fertig verkabelt sein, siehe ‹Wie mit Solarzellen gebastelt wird›, S. 44. Dazu liegen sie auf einer isolierten Unterlage wie Pappe oder dünnem Plastik und sind auf der Oberseite durch dünnes Plexiglas oder Klarsichtfolie geschützt. Natürlich muß vorher alles ausgetestet sein, damit der Motor gleich mit den Anschlußkabeln verbunden werden kann. Plus ist bei den Solarzellen die Unterseite. Ohnehin mußt du ausprobieren, ob er richtig herum läuft und nicht rückwärts, sonst mußt du die Kabel vertauschen.

Probelauf...

Das Solardreirad wird bei genügend Licht losfahren, falls nicht irgend etwas schleift oder zu schwergängig ist. Trotzdem mußt du erst mal alles beobachten. Die Testfahrt kann so aussehen: Kurvenfahrt im Kreis, nicht größer als einen halben Meter, bei hellem Licht und glattem Untergrund.

Am liebsten fährt dieses Dreirad immer Linkskurven, weil der Motor nur das rechte Rad antreibt. Doch mit dem Lenker läßt sich die Richtung verändern. Die Spurrille im Vorderrad kann auch auf einer Drahtspirale oder einer Perlonleine entlangfahren. So findet das Dreirad immer seinen Weg.

Die Testfahrt.

Magnetismus, zauberhaft!

Selten hat man die Gelegenheit, mit einer unsichtbaren Kraft spielen zu können. Eine Kraft, die etwas heben kann oder auch etwas drehen kann, ohne daß man sie dabei sehen kann. Sie läßt sich sogar abschalten und wieder anschalten, und auch das mit unsichtbarer Kraft.

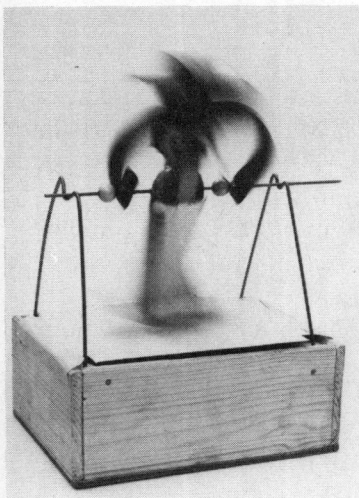

Unsichtbar ist die Kraft, die dieses Männchen dreht.

Die Magnetkraft ist geradezu ideal zum Zaubern. Damit kann niemand sehen, warum

Holzstäbe sich um ihre Achse drehen. Auch auf einer Flasche geht es rund, und aus einer Blechdose dröhnt der Schall. Da braucht nichts mehr versteckt zu werden, diese Tricks darf jeder sehen, und doch wird sie zunächst kaum einer verstehen. Es ist auch nicht ganz einfach, etwas zu verstehen, was man nicht sehen kann, wie die magnetischen Kräfte. Man kann sie aber sichtbar machen. Wie, auch das erfährst du.

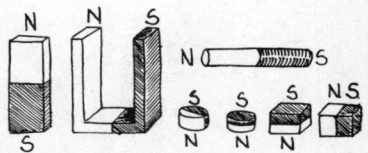

Dauermagneten gibt es in unterschiedlichen Größen und Formen.

Einen Magneten kennt jeder. Bekannt ist, daß er Eisen anzieht und Schranktüren festhalten kann. Doch einigen wird neu sein, daß es auch Magneten gibt, die sich an- und abschalten lassen. Sie sind auch viel stärker als die herkömmlichen Magneten. Elektromagneten werden sie genannt, weil sie nur mit elektrischem Strom magnetisch sind. Das ist eben auch das gute daran. Strom weg – Zauberkraft weg. Strom da, und schon geht's wieder rund. Es sind Motoren, die du basteln kannst, und die drehen nun mal rund. Doch alles, was einen Elektromotor kompliziert macht, kannst du vergessen, weil die Kraft des Südpols bei diesen Basteleien nicht genutzt wird.

Nordpol und Südpol

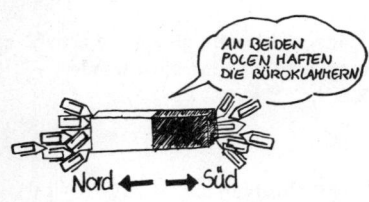

AN BEIDEN POLEN HAFTEN DIE BÜROKLAMMERN

Nord ← → Süd

Die Magnetkraft hat zwei Polrichtungen.

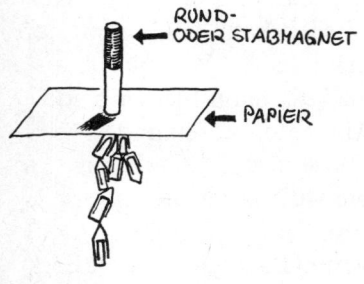

RUND- ODER STABMAGNET

PAPIER

Auch durch Papier und Pappe wirkt die Magnetkraft.

Nord- und Südpol werden die beiden Pole genannt, wo die Magnetkraft jeweils am stärksten ist. Man kann sie auch sichtbar machen. Wenn du einen Magneten mit einem Blatt Papier bedeckst und darauf Eisenspäne streust, dann richten sich diese zu halbkreisförmigen Linien aus. Das sind die magnetischen Kraftlinien. Sie verbinden den einen Pol mit dem anderen. Sie zeigen auch an, wo die magnetische Kraft am stärksten ist.
So lassen sich bei jedem Magneten die Pole feststellen. Auch eine Kompaßnadel

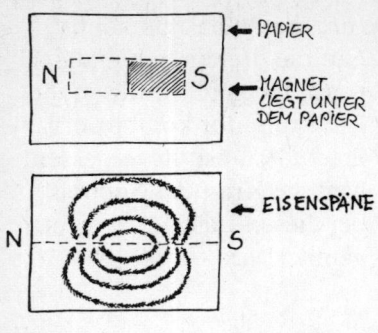

Die Kraftlinien zeigen, wo die magnetischen Kräfte am stärksten sind.

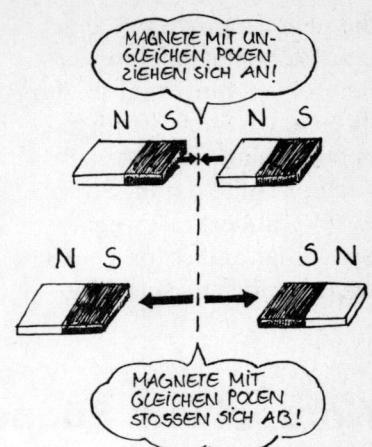

Magnetfelder mit gleichen Polrichtungen haben eine abstoßende Kraft.

zeigt dir an jedem Magneten, wo Nord- und Südpol ist. Zum Nordpol wird sie hindrehen, vom Südpol dagegen weg.

Fast immer wird die Magnetkraft genutzt, etwas anzuziehen, selten, um etwas abzustoßen.

Eigentlich wollen sie gar nicht zusammen, so, als wenn sie sich nicht riechen können. Gelingt es mit viel Kraft trotzdem, dann kann einer der Magneten ganz schön wegfliegen, sobald er losgelassen wird. Diese Energie soll hier genutzt werden. Doch mit zwei normalen Magneten ist das ohne zusätzlichen Kraftaufwand nicht möglich. Also müßte sich einer der Magneten kurz abschalten lassen, bis der andere daneben gelegt werden kann. Bekommt der erste seine Magnetkraft zurück, dann fliegen beide Magneten auseinander. Diese abstoßende Energie wollen wir hier nutzen.

Zum Glück gibt es den Elektromagneten. Der läßt sich an- und abschalten. Wie das geht, ist hier kurz erklärt.

lich ist es eine elektrische Spule, sobald Strom durchfließt.

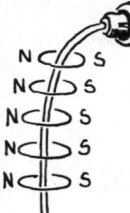

Auch jedes elektrische Kabel ist von einem Magnetfeld umgeben.

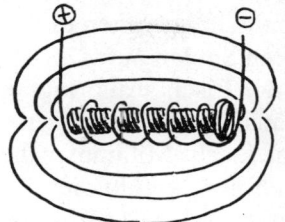

Zusammen mit einem Eisenkern entsteht eine kräftige Magnetkraft.

Ringförmig ist das Magnetfeld, das sich um ein elektrisches Kabel herum bildet. Je stärker der Strom, desto stärker ist auch das Magnetfeld.

Eine Spule für hohe Magnetkraft braucht viele Windungen, also auch viel Draht.

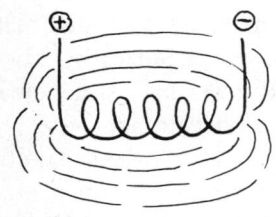

Wird ein Kabel aufgewickelt, dann ist das eine Spule mit leichter Magnetkraft.

Eine Kabeltrommel aus dem Haushalt kennst du. Eigent-

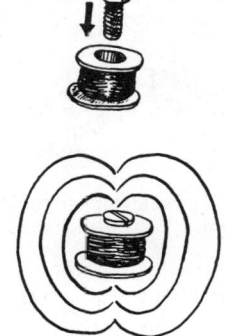

Auf eine Nähmaschinenspule passen vierhundert Windungen von dünnem Spulendraht.

Zum Basteln eignen sich die Nähmaschinenspulen aus Plastik vorzüglich. Bis fünfhundert Windungen, je nach Drahtdicke, nehmen die kleinen Spulen auf. Doch erst der Eisenkern bringt die gewünschte Wirkung. Eine kleine, sechs Millimeter dicke Schraube erfüllt diesen Wunsch.

Wie kräftig dieser kleine Elektromagnet sein kann, siehst du in dem Augenblick, in dem der Strom eingeschaltet wird. Der schwere Dauermagnet fliegt weg.

gnet). Weil der Dauermagnet in der Nähe der Spule ist, wird er von ihrer magnetischen Kraft weggestoßen.

DER MAGNET FLIEGT WEG, WEIL SICH GLEICHE MAGNETFELDER ABSTOSSEN!!

Jetzt hat der kleine Magnet am Reedkontakt den Strom selbst eingeschaltet.

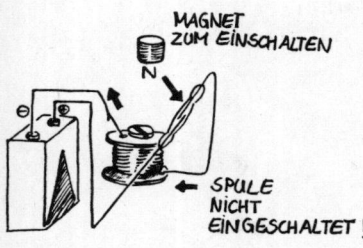

MAGNET ZUM EINSCHALTEN

N

SPULE NICHT EINGESCHALTET!

Noch ist der Elektromagnet nicht eingeschaltet.

Der Dauermagnet schaltet den Strom ein, indem er im Schalter einen Kontakt schließt. Nun fließt Strom durch die Spule (Elektroma-

Der Schalter wird Reedkontakt genannt. Er ist in vielen elektronischen Geräten zu finden. Er kostet weniger als 1 DM, große Sorten bis 2 DM. Das Prinzip, nach welchem er arbeitet, ist einfach.

Durch die Nähe des Magneten wird der untere Metallstreifen magnetisch und zieht den oberen an. Dadurch ist der Stromkreis geschlossen, und die Lampe kann leuchten.

In den folgenden Bauanleitungen findest du genügend

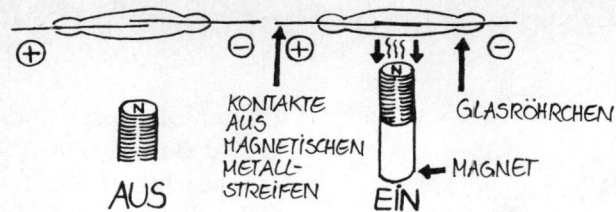

So funktioniert ein Reedkontakt.

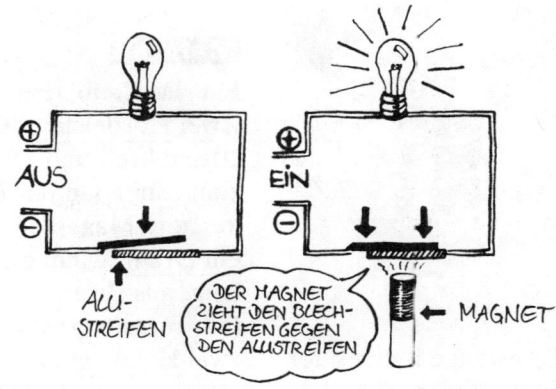

Ohne zu berühren, kann ein Magnet den Strom einschalten.

Beispiele dafür, was mit dieser Zauberkraft alles zu machen ist. Vergiß aber nie, woher der ganze Strom kommt, den du brauchst. Nur aus Akkus, möglichst von Solarzellen aufgeladen, sollte er kommen, sonst verbrauchst du große Mengen an Batterien. Auch direkt mit Solarstrom lassen sich diese Motoren betreiben. Allerdings ist das nicht ohne elektronische Bauteile möglich. Beispiele dazu findest du im Elektronikwerkbuch.

Das verzauberte Männchen

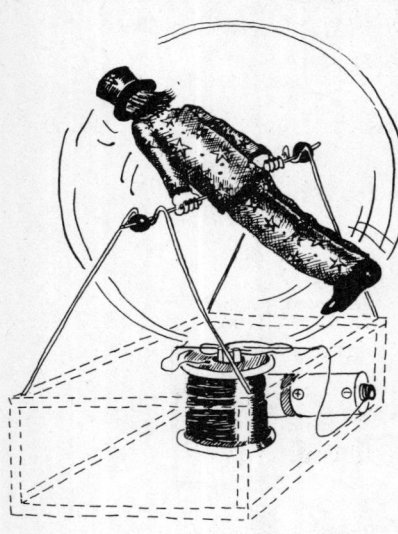

steckten Magneten finden. Auch daß in der Holzkiste eine unsichtbare Kraft steckt, die den Zauberer drehen läßt, ist ihr nicht anzumerken.

Material

Für das Zaubermännchen:
Zwei Holzleisten, 3 mm dick, 10 mm breit und 15 cm lang, zum Einklemmen von Korken und Magneten,
ein Draht, 2 mm dick, 18 cm lang, aus Eisen oder Messing (als Turnstange),
zwei Holzkugeln mit Loch von 2 mm (zum Festklemmen
auf der Turnstange),
eine Korkenscheibe, so dick wie die Magneten,
Klebeband zum Festkleben der Magneten,
dicke Pappe für die Verkleidung des Zauberers nach Schnittmuster, insgesamt 10 × 20 cm,
Sternchen und Glitzer-Glimmer

Eine Turnstange hat er quer vor seinem Bauch. Ein kleiner Tip mit dem Finger auf den Zylinder des Zauberers genügt, und schon saust er los. Es ist nicht erkennbar, warum er sich immer schneller um seine Turnstange herumdreht und nicht mehr aufhören will. Stundenlang läuft er weiter. Selbst wer den Zauberer in die Hand nimmt und ihn genau untersucht, wird nicht gleich die ver-

Für den Holzkasten
Dünnes Kistenholz, 2–3 mm
dick, für die Seitenteile und
den Boden, Maße nach
Zeichnung,
stabilen Pappdeckel zur Ab-
deckung der Holzkiste,
Holzleiste, 2 cm × 2 cm,
24 cm lang, davon vier Stück,
je 6 cm lang, für die Verstei-
fung der Ecken,
zwei Drähte aus Messing
oder Eisen, 2 mm dick, jedes
30 cm lang, für die Halter
der Turnstange,
kurze Nägel, 20 mm lang,
und Klebstoff

Für die Elektrik
Spulendraht, 0,3–0,6 mm
dick, ca. 60 Meter lang, für
500–1000 Windungen, von
Spulen oder Trafo abwickeln
oder beim Fernsehhändler
nach alten Entmagnetisie-
rungsspulen fragen, sonst
Draht kaufen.
Eine Plastikrolle, die 4–5 cm
im Durchmesser hat und
ebenso breit ist (z. B. von
Lötzinnrolle);
einige Nägel, mindestens
5 cm lang, als Kern,
ein Reedkontakt, möglichst

groß und unempfindlich;
sonst
1 Diode, 1 Ampere-Univer-
sal als Rückstromsperre;
1 kleine Druckfeder, 2 cm
lang;
Kabel, 20 cm lang, für die
Anschlüsse;
2 Akkus, 1,5-Volt-Baby-
zelle.

Werkzeuge

Kleine Säge, Hammer, Boh-
rer, 2 mm dick, Zangen, Lötkolben für die Kabelan-
schlüsse.

Bauanleitung

Der Holzkasten
Mit dem Holzkasten fängst
du an. Zuerst von der kleinen Leiste vier kurze Stücke
absägen, die so hoch sind
wie die Seitenteile (ca.
6 cm).
Zwei kurze und lange Seitenteile absägen sowie die Bodenplatte, nach den Maßen
der Zeichnung.
An die Enden der kurzen
Seitenteile nagelst du die
Holzleisten an. Jede Leiste

mit vier Nägeln. Dann die langen Seitenteile mit den kurzen zu einem Kasten verbinden. Das Ganze auf die Bodenplatte setzen und von unten durchnageln.

Die fertige Spule soll später möglichst so hoch sein wie der Kasten innen. Falls sie nicht so hoch ist, mußt du ein Holzklötzchen unterlegen, damit die Oberseite der Spule mit der Oberseite des Holzkastens abschließt. Die fertige Spule muß später ganz dicht unter dem Pappdeckel sitzen.

Bevor die Spule gewickelt wird, muß ein Loch durch die Außenseite nach innen durchgestochen werden. Hier steckst du von innen den Anfang des Drahtes durch. Laß gut 10 cm herausstehen. Die erste Wicklung auf der Rolle klebst du mit Klebeband fest, damit sie nicht rutscht.

Dann wickele den Draht, wie einen Faden auf einer Rolle, von einer Seite zur anderen auf und ebenso wieder zurück. 500mal, wenn du den dünneren Draht mit

0,3 mm benutzt. Die Spule darf ruhig voll werden. Zuwenig Draht ist schlechter als zuviel. Nach der letzten Windung sofort einmal herum mit Klebeband absichern. Das ist ganz wichtig, sonst rutscht der ganze Draht wieder runter.

Der innere Hohlraum der Spule muß mit Nägeln ausgefüllt werden. Dazu muß der Kopf von jedem Nagel abgekniffen werden, weil sie sonst nicht eng genug aneinanderliegen. An der Oberseite dürfen die Nägel bis zu einem Zentimeter aus der Spule herausstehen. Wichtig ist aber, daß sie oben gleichmäßig abschließen und direkt unter dem Pappdeckel enden. Wenn die Spule nicht hoch genug ist, dann muß sie auf einen Holzklotz geklebt werden. Die Spule muß genau in der Mitte des Kastens sitzen, ob mit oder ohne Holzklotz.

Vor dem Einbau der Spule muß die Verkabelung fertig sein. Zwei Kabel benötigst du dazu. Die Kabelverbindungen müssen aber gelötet

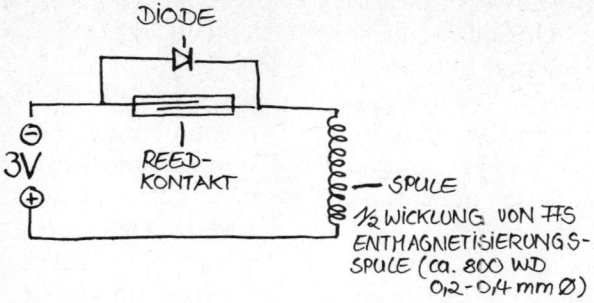

Der Schaltplan für Spule, Reedkontakt und Diode.

werden. Dazu erst jeden Draht einzeln verzinnen, dann miteinander verbinden.

Die Lackierung vom Spulendraht muß eventuell vorsichtig abgekratzt werden, falls das Lötzinn nicht halten will.

An einem der Drähte, die aus der Spule kommen, lötest du den Reedkontakt an, egal an welcher Seite. An der anderen Seite führt ein Kabel zu den beiden Akkus.

Ein zweites Kabel führt von den Akkus direkt zur Spule und wird mit dem zweiten Kabel der Spule verlötet. So schließt sich der Stromkreis.

Unser Reedkontakt schaltet ihn ein und wieder aus, sobald ein Magnet vorbeisaust.

Die genaue Anbringung des Reedkontaktes ist wichtig. Er soll ja den Dauermagneten im richtigen Moment einschalten. Das ist der Moment, in dem der Zauberer gerade an den tiefsten Punkt gelangt ist. Hier muß er noch einen kräftigen Stoß vom Dauermagneten hinterher bekommen, damit er auch schön weit wegsaust.

Diese Stelle liegt also unter dem Männchen, aber nicht genau in der Mitte, sondern etwas dahinter. Genau auf der Mitte darf er nicht liegen, weil die Spule dann den Reedkontakt anziehen würde und dann immer eingeschaltet wäre. Befestige ihn mit Klebeband auf der Spule, das läßt sich immer noch verändern.

Die Akkus liegen hintereinander quer in der Kiste und sind dort eingeklemmt. Dafür sorgt eine kleine Feder zwischen dem Minuspol und der Kiste. An dieser Druckfeder ist auch das eine Kabel befestigt. Das andere Kabel klemmt zwischen dem Pluspol des letzten Akkus und dem Holz. Vielleicht mußt du die Kabel noch tauschen. Der erste Versuch wird zeigen, ob die Spule richtig herum gepolt ist.

Der Zauberer
Sein Zaubertrick besteht darin, daß die beiden Magneten so unsichtbar wie möglich und so weit nach außen wie möglich in seinem Körper untergebracht werden. Das setzt voraus, daß die Magneten mit der Polseite nach außen zeigen, mit

der sie von der eingeschalteten Spule abgestoßen werden.

Zwei durchgehende Holzstäbe klemmen sowohl die beiden Magneten außen fest als auch den flachen Korken in der Mitte. Da dieser flache Korken gleichzeitig die Achse festhält, sind somit auch die Holzstäbe mit der Achse verbunden.

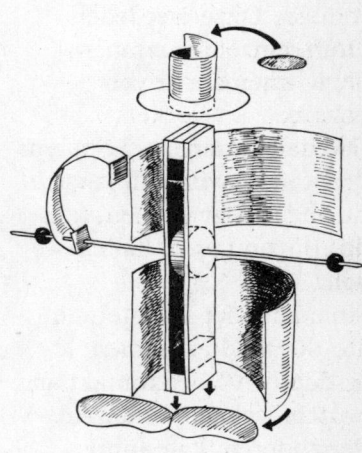

Aus Pappe, Holz, Korken und Magneten besteht der Zauber des Zauberers.

Angefangen wird mit den beiden flachen Holzstäben und den beiden Magneten.

Stelle fest, wo ihre beiden Nordseiten liegen. Diese Seiten müssen nach außen zeigen, wenn sie in die Holzstäbe eingeklemmt und festgeklebt werden. Auch mit Klebeband kannst du sie mit den Holzstäben verbinden, aber wackeln dürfen sie nicht mehr.

Dann den Korken vorbereiten. Eine Scheibe davon reicht aus. Sie muß so dick sein, daß sie zwischen den Holzleisten gut eingeklemmt ist. Doch bevor du diese Scheibe vom Korken abschneidest, bohre oder steche das kleine Loch quer durch. Dann die Achse durchstecken und diese mitsamt dem Korken zwischen die Holzstäbe einklemmen und festkleben. Der Korken muß aber genau im Schwerpunkt zwischen den beiden Magneten sein, sonst fliegt der Zauberer später weg. Auch müssen die Achse und die Holzstäbe im rechten Winkel zueinander stehen. Mit einem Geodreieck kannst du das überprüfen.

Damit ist das Gerippe fertig, nun kommt die Verkleidung des Zauberers. Stabile schwarze Pappe, Klebstoff und buntes Klebepapier ist alles, was du dazu brauchst.

Um die Holzstäbe herum klebst du schwarze Pappe zu einer Röhre zusammen. Von oben über den Kopf wird die schwarze Pappscheibe des Zylinders geschoben. Als Zylinderdeckel wird eine Scheibe aus schwarzem Papier direkt auf den Magneten geklebt. So ist er nicht mehr sichtbar.

Der andere Magnet unten wird von den Füßen verdeckt. Die Füße müssen wie bei Charlie Chaplin, zur Seite wegstehen, weil sie sonst am Boden schleifen würden.

Noch ein bißchen Sternchen und Glitzer und Glimmer und eine Fliege aus weißer Wolle oder Pfeifenreiniger, dann ist der Zauberer fertig.

Das Drahtgestell
Aus zwei Messing- oder Eisendrähten werden die zwei Bügel gebogen, auf denen sich die Turnstange des Zauberers drehen kann.

Dazu setzt du eine Spitzzange genau in der Mitte eines Drahtes an und biegst die beiden Enden so weit herum, daß sie nebeneinanderliegen. Einen Zentimeter über dieser Biegung müssen die Drähte schräg nach unten abknicken. So bleibt die Schlaufe oben offen, in der sich die Turnstange ganz leicht drehen lassen muß. Mit dem Bohrer, 2 mm dick, bohrst du vier Löcher von oben in die vier Holzklötzchen, die in den Ecken der Kiste sitzen. An den schmalen Seiten der Holzkiste steckst du die beiden Drahtbügel in die Löcher. Dazu müssen die Bügel unten noch mal etwas geknickt werden, damit sie gut in die Löcher passen. Wenn beide Bügel gut klemmen, dann setze den Zauberer in die Schlaufen. Steht er nun senkrecht, dann sollen zwischen dem Zauberer und der Spule nicht mehr als 10 mm Zwischenraum sein. Die Pappe als Deckel klemmt zwischen den Drahtbügeln fest. Doch getestet wird erst ohne Deckel, damit du noch etwas verändern kannst.

Der Testlauf
Zunächst muß überprüft werden, ob der Dauermagnet auch wirklich den Pol an der Oberseite hat, der den Zauberer wegschubst und nicht heranzieht. Das stellt sich schnell heraus, sobald der Stromkreis geschlossen ist. Wenn der Reedkontakt ihn nicht schon eingeschaltet hat, dann überbrücke diesen. Ein kurzes Kabel außen herum, und der Strom fließt zur Spule. Sie wird sofort als Elektromagnet wirksam. Dann weißt du, ob du richtig gepolt hast.

Reedkontakt einstellen
Wenn der Zauberer sich nun mit einem Dauermagneten über den Reedkontakt bewegt, dann muß dieser ein leises Klick von sich geben. Ob mit oder ohne Strom, er muß schalten, und das hört man. An dieser Stelle muß der Reedkontakt befestigt werden. Der Pappdeckel bedeckt den Reedkontakt.

Das Zaubermännchen liegt mit seiner Turnstange lose auf dem Drahtgestell auf.

Auch über dem Pappdeckel muß alles stimmen. Die Achse muß waagerecht sitzen. Messe nach, ob die Achse auf beiden Seiten den gleichen Abstand zum Kasten hat. Außerhalb der Drahtbügel müssen zwei Holzkugeln verhindern, daß die Achse hin und her rutscht. Auch sie dürfen nicht rutschen, sonst kleb sie lieber fest. Anstatt Holzkugeln lassen sich Korkenstücke verwenden.

Versuche festzustellen, nach welcher Richtung sich der Zauberer am leichtesten dreht.

Dreht er zu langsam, dann kann es daran liegen, daß die Akkus nicht genügend geladen sind.

Der Nordpolrenner

Die billigste Energiegewinnung ist, Energie einzusparen. Gewicht, das unnötig geschleppt werden muß, ist Energieverschwendung. An diesem Elektromotor ist auf alles Unnötige verzichtet worden. Er ist ein Beispiel an Sparsamkeit, bei gleichzeitiger Höchstleistung.

Einen ganzen Tag lang kann dieser Motor laufen und verbraucht dabei «nur» zwei kleine Mignonzellen, natürlich Akkus aus der eigenen Ladestation. Das ist nicht wenig, aber ein Motor ist immer ein großer Stromverbraucher.

Das gute an diesem Motor ist, daß er nicht aussieht wie ein Motor. Das, was sich sonst in einem Motor dreht, der Rotor, ist hier sichtbar. Es ist ein kleiner Holzstab, halb so groß wie ein Bleistift, der mit einem Affentempo herumsaust. Die zwei kleinen Magneten sind dabei gar nicht mehr zu sehen. Sie sind außen an beiden Seiten des Holzstabes angeklebt. Doch wichtig sind sie, wie du weißt.

Ein kleiner Tip mit dem Finger genügt...

... schon saust der Holzstab los.

Material

Eine leere Musikkassetten-
schachtel,
eine Nähmaschinenspule aus
Plastik, breiteste Sorte,
10 m Spulendraht,
0,2 mm–0,3 mm dick,
einen Reedkontakt, große
Ausführung, sonst zusätzlich
eine Diode, 1 Ampere-Uni-
versal, als Rückstromsperre,
Messingdraht, 40 cm lang,
1,5–2 mm dick,
2 Magneten, möglichst rund
und nicht größer als 10 mm
im Durchmesser. Die beiden
Pole müssen auf den flachen
Seiten liegen, also oben und
unten, nicht in der Run-
dung.

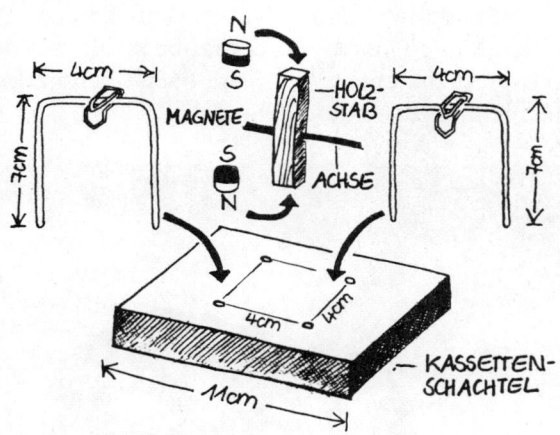

Die Bauteile des Nordpolrenners.

Bauanleitung

Wie auf dem Plan bekommt
die Kassettenbox durch Dek-
kel und Boden vier kleine
Löcher gebohrt. Sie sind für
die beiden Drahtbügel be-
stimmt. Mit einem dünnen
Nagel, den du vorher über
einer Kerze erhitzt hast,
stichst du die Löcher gleichzeitig durch Deckel und Boden. Natürlich mußt du den

Nagel mit einer Zange anfassen, sonst gibt es Brandblasen am Finger.

Der Elektromagnet besteht aus einer Nähmaschinenspule mit vierhundert Windungen von dem 0,2 mm oder 0,3 mm dicken Spulendraht. Diese Spulen haben bereits das kleine Loch, durch das der Anfang des Drahtes gesteckt werden muß. Dieses Ende wird als Kabelanschluß benötigt. Die Wicklungen mußt du möglichst fest ziehen. Wickle sie nicht randvoll auf, zu leicht rutscht der Draht über den Rand ab. Deshalb verklebe auch die letzte Windung mit Klebeband.

Als Eisenkern eignet sich eine Schraube mit 6 mm im Durchmesser, die paßt durch die Mitte der Plastikspule. Sie darf aber nicht länger als 12 mm sein. Am besten hat sie einen flachen Kopf, damit der Deckel der Schachtel gut zu schließen ist. Die Schraube steckt mit dem Kopf nach oben in der Spule.

Neben der Schraube liegt der Reedkontakt, parallel dazu die Diode.

Die Spule, die jetzt mit der Schraube (Eisenkern) zu einem Dauermagneten geworden ist, wird genau in der Mitte der Schachtel auf dem Boden festgeklebt. Hier hält am besten ein Plastikkleber. Die Spule hat zwei Anschlußkabel. An dem einen Ende des Spulendrahtes kann direkt der Reedkontakt angelötet werden. An dem anderen ein Kabel, das zu den beiden Akkus führt. Ein anderes Kabel führt von den beiden Akkus wieder zum Reedkontakt. So schließt sich der Kreis.

Zu empfehlen ist eine Diode, das schont den Reedkontakt, weil es dadurch keinen unerwünschten Rückstrom gibt. Mit ihren zwei Anschlußdrähten muß sie mit an die beiden Lötverbindungen vom Reedkontakt angelötet werden. Der weiße Ring an der Diode darf nicht, wie üblich, zum Minuspol zeigen, sondern muß hier zur Spule zeigen, also zum Pluspol.

Schon jetzt kannst du mit einem der kleinen Magneten testen, ob der Reedkontakt schaltet. Klick, muß zu hö-

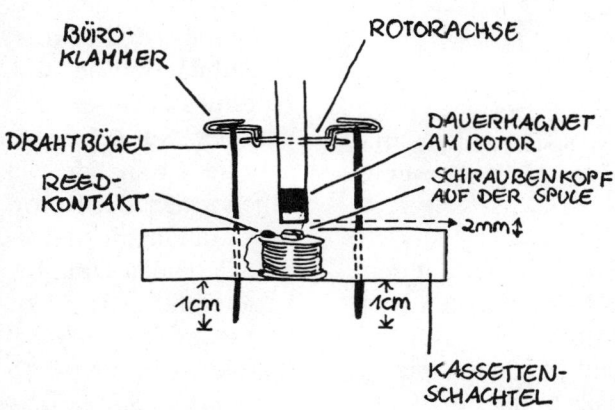

So gering wie möglich muß der Abstand zwischen dem Elektromagneten und dem Dauermagneten am Rotor sein.

ren sein. Gleichzeitig wird dir durch die Wirkung des Dauermagneten entweder dein Magnet aus der Hand gerissen, oder er wird weggestoßen. Wenn er letzteres tut, ist es richtig. Sonst mußt du den Magneten drehen. Merke dir bei den zwei Magneten die Seite, mit der sie von der Spule abgestoßen wurden. Mit dieser Seite müssen sie nach außen zeigen, wenn sie auf den Holzstab geklebt werden.

Der Rotor besteht aus einem Holzstab und zwei kleinen Dauermagneten.

Der Holzstab, der mit den beiden Magneten den Rotor des Motors ergibt, ist 5 cm lang, mit Magneten nicht länger als 6 cm.
Die Magneten dürfen auch nicht größer als 10 mm im Durchmesseer und 5 mm dick sein, weil sie sonst zu schwer werden und sich ablösen könnten. Die Fliehkraft wird bei höherem Gewicht so hoch, daß der Klebstoff die Magneten nicht mehr festhalten kann. Sie fliegen dann weg, und das ist gefährlich. Weil der Holzstab rotiert, braucht er eine Mittelachse. Für diese bohrst du quer durch die Mitte des Holzstabes ein Loch, so dick wie die Achse. Die Achse braucht nur 4 cm lang zu sein, auch das spart Gewicht. Im Holz wird sie dann festgeklebt.
Die Halterung des Rotors besteht aus den beiden Drahtbügeln. Wie zwei Fußballtore stehen sie sich gegenüber. Nur 4,5 cm weit sind sie auseinander, dazwischen rotiert der Rotor.
Die Aufhängung der Achse an den beiden Drahtbügeln ist so einfach wie praktisch. Auf jeder Seite ist eine Büroklammer angeklebt, deren vordere Spitzen nach unten abgebogen sind. In diesen dreieckigen Schlaufen,

die hier nun senkrecht nach unten zeigen, liegt die Achse auf. Auf dem Stahl der Büroklammern dreht sie sich fast reibungslos. Natürlich sind die Büroklammern an dem Draht angelötet, sonst würden sie nicht halten. Das läßt sich gut mit einem Feuerzeug machen. Dazu muß erst die Büroklammer mit der Zange gebogen werden und wird dann genau in der Mitte des Bügels angeklemmt.

Nun den Drahtbügel mit der aufgesteckten Büroklammer über einer Kerze erwärmen, bis das Lötzinn am heißen Draht zerfließen kann. Niemals das Lötzinn in die Flamme halten, sondern nur am heißen Metall verlaufen lassen. Mit einer Zange kannst du die Büroklammer noch in die richtige Richtung bringen. Dann kräftig pusten, damit es schnell kalt wird und erhärtet. Achte darauf, daß sich beide Spitzen gegenüberstehen.

Die Höhe der Rahmen läßt sich jetzt noch verstellen, denn sie reichen ja durch Deckel und Boden zugleich.

Die Drähte, die nun am Boden herausschauen, kneifst du auf einen Zentimeter Länge gleichmäßig ab. Durch einen leichten Knick können sie nicht mehr zurückrutschen. Gleichzeitig stellen sie die Füße dar, auf denen dieser Motor nun steht. Auch Holzkugeln, als Füße, kannst du auf die Drähte stecken. Nur beim Öffnen des Deckels müssen die Drähte wieder herausgezogen werden.

Im Fach des Deckels sind die beiden Mignon-Akkus der Länge nach hintereinander eingeklemmt. Zusätzlich sorgt hier eine kleine Druckfeder zwischen dem Minuspol und dem Plastikgehäuse für guten Kontakt. Auch ist dahinter gleich das eine Anschlußkabel mit eingeklemmt. Das andere klemmt mit einem kleinen Blechstreifen (oder Alufolie) im Gehäuse. Nun kommt die Einstellarbeit, das Wichtigste überhaupt.

Der Nordpolrenner ist fertig, der Rest wird nur zusammengesteckt.

Probelauf...

Vor dem Schließen des Dekkels prüfe die Wirkung des Dauermagneten. Dazu bewege einen der Magneten über den Reedkontakt. Nun muß von ihm ein leises «klick» zu hören sein. Wenn dieses Klick nicht zu hören ist, muß der Kontakt noch mal versetzt werden. Er darf auf keinen Fall zu dicht an der Schraube sein, sonst zieht der Elektromagnet den Reedkontakt auch an. Der

schaltet dann den Magnetismus nicht mehr aus, dadurch kann der Rotor nicht mehr vorbei, weil das Magnetfeld ihn abstößt.
Erst wenn alles funktioniert hat, schließt du den Deckel, steckst den Bügel durch die Kassette und hängst den Rotor in die Schlaufen ein.
Ein Tip mit dem Finger muß genügen. Auf keinen Fall braucht er viel Schwung, das bringt ihn nicht zum Laufen. Wenn der Rotor sich dreht,

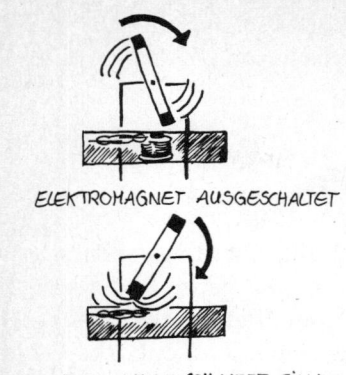

ELEKTROMAGNET AUSGESCHALTET

DER REEDKONTAKT SCHALTET EIN!

ELEKTROMAGNET STÖSST DAUER-
MAGNET MIT ROTOR WEG!

Die Arbeitsweise des Nordpolrenners.

gib noch einen Tropfen Öl
an die Achse.

Wenn er nicht läuft...

Kleine Reedkontakte sind
oft sehr empfindlich und
brennen fest. Ein Rückstrom
entsteht, wenn die elektrische Spule abschaltet. Ist
dieser zu groß, dann kann
der Reedkontakt verschmo-

ren. Beide Kontakte sind
dann miteinander ver-
schweißt. Diesen Mangel
kann eine Diode vermeiden,
die in den Stromkreis eingebaut wird und mit dem wei-
ßen Ring zum Minuspol des
Akkus zeigt.

Wenn der Reedkontakt richtig schaltet, der Rotor sich
aber trotzdem nicht dreht,
dann kann der Grund nur
noch an zu schwachen Akkus
liegen oder daran, daß eine
Kabelverbindung irgendwo
keinen Strom leitet. Das
kann der Pieper feststellen,
siehe ‹Der Pieper›, S. 18.
Falls überhaupt zu geringe
Magnetkraft vom Elektro-
magneten kommt, ist entweder die Anzahl der Wicklungen noch zu gering, oder der
Draht ist zu dünn.

Abhelfen könntest du mit
höherer Spannung, das
heißt, du müßtest noch ein
oder zwei Akkus dazulegen,
was nicht billig ist. Das
kommt hier aber nicht in
Frage, denn dieser Motor
soll ein Vorbild an Sparsamkeit sein. Er muß deshalb
mit wenig Strom auskom-

men. Versuch es noch mal mit einer anderen Spule, bis der Motor auch mit zwei Akkus auskommt.

Das verdrehte Mobile

Hier hast du etwas zum Gukken. Dieses Mobile ist schon deshalb ungewöhnlich, weil es steht und nicht hängt. Dazu dreht sich noch eine Figur sehr schnell herum, während sich das ganze Mobile auch dreht, allerdings andersherum. Das ganze findet auf einer Nadelspitze statt, die auf dem Kronenkorken einer Flasche steht.

Aber nicht das Mobile wird von magnetischen Kräften

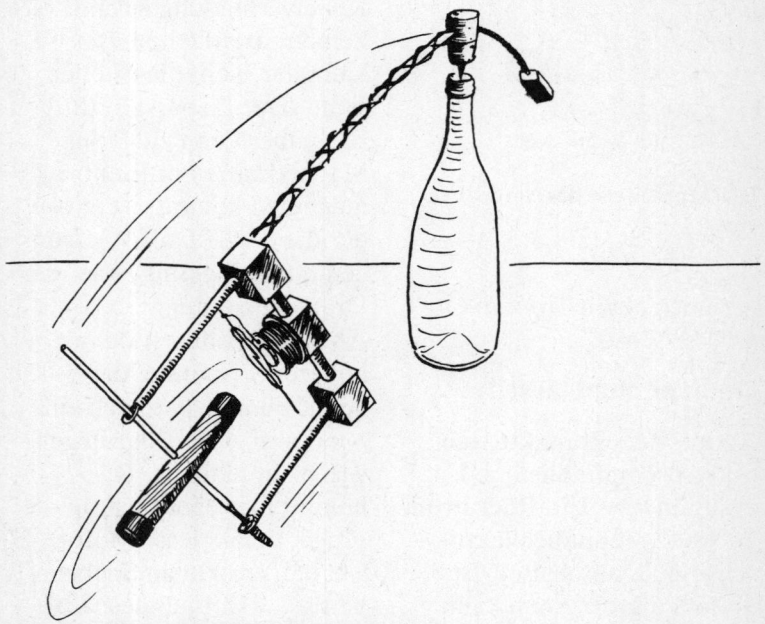

An dem Mobile hängt ein Nordpolmotor.

gedreht, sondern der Rotor. Ob als Holzstab oder als Puppe, er rotiert in dem Drahtgestell um seine eigene Achse.

Das ungewöhnliche ist, daß sich das Mobile auf der Flasche genau entgegen den Drehbewegungen des Rotors dreht. Der Grund dafür liegt in dem Rückstoß, den der kleine Elektromagnet immer dann erhält, wenn er den Rotor wegschubst. Weil der Elektromagnet ja keinen Halt hat, sondern sich mit dem Drahtbügel ganz leicht drehen läßt, stößt er diesen jedesmal ein Stück zurück. Dadurch entsteht eine langsame Rückwärtsdrehung des Mobiles. Die Gleichgewichtskräfte halten den Draht mit Motor und Akkus in der waagerechten Lage. Höchstens 60–80 cm sind sie auseinander. Weniger soll es nicht sein, sonst wird es zu schnell auf der Flasche.

Auch diese Figur ist ein drehender Rotor.

Material

1 m Messingrohr, außen
4 mm dick oder Draht, 2 mm
dick – für Drahtbügel und
Motor –,
3 Holzklötzchen in der Größe 2 cm × 2 cm × 2 cm oder
Holzkugeln mit 3 cm im
Durchmesser, aber mit Loch!
10 cm dünner Draht für die
zwei Schlaufen,
eine kleine Schraube mit
Kreuzschlitz,
eine kleine Nähmaschinen-
spule aus Plastik,
eine Schraube, 6 mm dick,
20 mm lang,
10 m Spulendraht, 3–4 mm
dick,
ein Reedkontakt, große Ausführung, oder zusätzlich eine
Diode – 1 Ampere-Univer-
sal –,
eine dünne Kugelschreibermine als Achse,
eine Holzleiste, 10 mm ×
10 mm, 50 mm lang,
2 Dauermagneten, rund oder
eckig, aber nicht größer als
10 mm im Durchmesser,
2 m Kabel oder Spulendraht
als Zuleitungskabel von den
Akkus zum Motor,

ein Korken mit Nadel ohne
Kopf oder Nähnadel,
1 m Klebeband,
2 Mignonzellen-Akkus,
1,5 Volt.

Bauanleitung

Mit den drei Holzklötzchen
fängst du an. Sie brauchen
Löcher, die so dick wie der
Draht sind, einmal quer und
einmal längs durch. Das
Holz mußt du beim Bohren
in einen kleinen Schraub-
stock spannen. Ein kleiner
Schraub-Handbohrer reicht
dann vollkommen aus. Nur
das eine Loch im mittleren
Klötzchen muß auf 6 mm
vergrößert werden. Es ist für
die Schraube, die mit der
kleinen Spule im Holz
steckt.

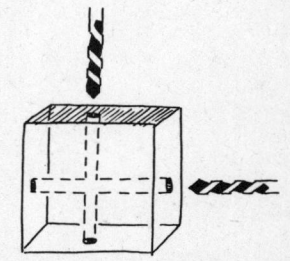

**Holzklötze bilden die Knotenpunk-
te des Rahmens.**

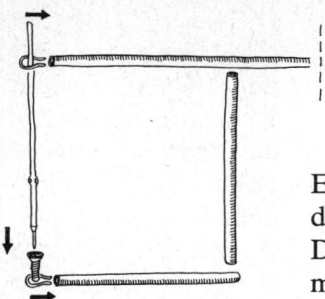

Die Kulimine, als Achse des Rotors, dreht sich auf einer Kreuzschlitzschraube.

Als nächstes wird der Draht zugeschnitten.

Bei Verwendung von Messingrohr kann der obere Drahtbügel 70–80 cm lang sein, bei normalem Draht nur 50–60 cm, da er sonst zu stark durchbiegt.

Zwei weitere Drahtstücke von 8 cm Länge sind für den Rahmen, in dem der Holzstab oder eine Figur sich dreht.

Das senkrechte dieser kurzen Röhrchen schiebst du durch den mittleren Holzklotz, siehe Foto. Das ist der Klotz mit dem größeren Loch auf der Vorderseite. Auf die beiden waagerechten

Enden nun die anderen beiden Klötze stecken.

Durch den oberen Klotz muß quer der Drahtbügel durchgeschoben werden und in das senkrechte Loch das senkrechte Röhrchen gesteckt werden. Beide stehen oben und unten 7 cm aus dem Holzklotz hervor, verschoben werden kann das aber noch. Die beiden waagerechten Röhrchen oben und unten bekommen jetzt vorn die Drahtschlaufen hineingesteckt. Bieg sie um die Kulimine herum. Die untere muß noch die Schraube mit dem Kreuzschlitz halten. Mit einer Kerzenflamme und Lötzinn lassen sich beide Schlaufen gut verlöten.

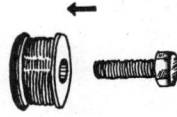

Durch die Schraube wird die Spule zum Elektromagneten.

Nun kannst du die Spule wickeln. Vierhundert bis sechshundert Wickelungen, du brauchst aber nicht zu zählen. Die sechs Millimeter dicke Schraube muß durch die Spule in den Holzklotz gesteckt werden.

Die Verkabelung an der Spule verläuft wie auf der Zeichnung. Bei Verwendung eines kleinen Reedkontaktes muß eine Diode parallel zum Reedkontakt angelötet werden (siehe ‹Nordpolrenner›). Auch hier die Anschlüsse der Kabel unbedingt anlöten.

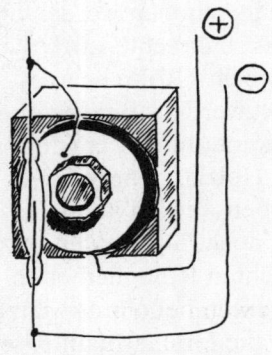

Reedkontakt und Spule klemmen am mittleren Holzklotz.

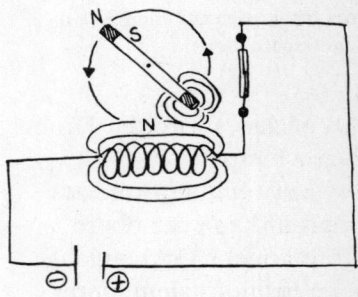

Die Arbeitsweise dieses Motors von oben gesehen.

Der Holzblock mit dem Dauermagneten läßt sich jetzt noch in der Höhe verstellen. Damit läßt sich der Magnet in der Höhe an jede Figur, die hier verwendet wird, anpassen. Für größere Durchmesser läßt sich auch der obere Klotz verschieben und das untere Rohr gegen ein längeres austauschen.

Die beiden Verbindungskabel zu den Akkus, die am anderen Ende des Drahtbügels hängen, werden um diesen herumgewickelt. Vor dem Kabel muß auch der Korken noch auf den Drahtbügel geschoben werden. Auch dieser Korken dreht auf einer Nadel, siehe ‹Solarflieger-Karussell›, S. 67.

Die Akkus, am anderen Ende des Drahtes, sind nur mit Klebeband am Draht befestigt. Natürlich müssen sie hintereinanderliegen und der Plus- mit dem Minuspol gute Verbindung haben. Sonst kommt auf beiden Seiten kein Strom an. An den Polen klebst du den Draht mit Klebeband an. Es muß aber vorher noch ein Stückchen Metall oder Aluminium dahintergelegt oder besser noch an den Draht angelötet werden.

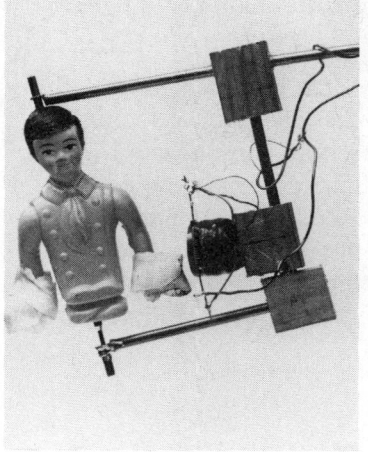

In den Fäusten hat diese Figur die magnetischen Kräfte.

Niemals an Akkus direkt etwas anlöten, sie vertragen die Wärme nicht!

Zum Schluß kommt der Rotor, er wird genauso wie beim Nordpolrenner hergestellt.

Der Holzstab erhält in der Mitte ein 2 mm großes Loch, durch das die Kugelschreibermine als Achse des Rotors gesteckt wird. An den beiden Außenseiten des Rotors sind die Magneten angeklebt. Sie zeigen jeweils mit den gleichen Seiten nach außen, also Nord und Nord oder Süd und Süd.

Auch wenn du als Rotor eine Puppe tanzen läßt, muß sie die Magneten auf den Leib bekommen.

Bei dieser Figur sind sie in den Fäusten, natürlich mit den Nordpolen nach außen.

Wenn der Strom an die Spule angeschlossen ist und der Reedkontakt sich einschaltet, dann zeigt sich, ob der Elektromagnet richtig herum gepolt ist.

Wenn nicht, muß die Spule umgepolt werden.

Probelauf

Der Rotor muß sich gut und leicht mit der Kulimine drehen, die auf der Kreuzschlitzschraube steht. Auch darf die Spule mit dem Reedkontakt nicht stören, aber auch nicht zu weit entfernt sein, nicht weiter als zwei bis drei Millimeter. Der Reedkontakt muß jetzt hörbar schalten. Klick muß zu hören sein. Mit einem kleinen Schubs wird der Rotor auch anlaufen.

Setze das ganze Gestell mit Korken und Nadel auf den Kronenkorken einer Flasche, und los geht's.

Die hupende Teedose

Sie ist eine einfache Blechdose, die vorn mit einem Tuch verkleidet ist. Allerdings ist vor dem Boden der flachgelegten Blechdose ein Eisenstab und darunter eine Schraube zu sehen.

Ein kleiner Dreh an dieser Schraube hat laute Folgen.

Ein tiefes, aber blechschnarrendes Röhren wie die Schiffshupe eines Ausflugdampfers dröhnt auf das Trommelfell. Das erregt natürlich Aufmerksamkeit, und das soll eine Hupe ja tun. Da diese Dose einen tiefen Ton abgibt, schont er die Nerven noch einigermaßen. Dagegen ist bei einer kleinen viereckigen Teedose zum Beispiel das Geräusch ein nervenzerreißendes Gekreische. Ein Marmeladeneimer dagegen kann es mit dem Nebelhorn einer Hafenbarkasse aufnehmen.

Doch der Ton verstummt, sobald die Schraube am Deckel zurückgedreht wird.

Auch hier ist die Energie versteckt, die diese Töne erzeugt. Vier Akkus, die in der Dose liegen, liefern den

Laut wie eine Schiffshupe ist diese Dose.

Strom, mit dem dieser Schall erzeugt wird. Mit dem Strom wird ein Elektromagnet versorgt, dessen magnetische Kräfte den Boden der Blechdose in Schwingungen versetzen.

Diese kurzen schnellen Schwingungen versetzen auch die Luft in kurze schnelle Schwingungen, die Schallwellen. So, als wenn du einen Stein ins Wasser wirfst und die Wellen sich kreisrund bis zum Ufer ausbreiten, so vergleichbar erreichen auch die Schallwellen dein Trommelfell.

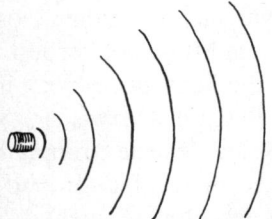

Wie Wellen verbreitet sich der Schall bis zum Ohr.

Wie die Membrane bewegt wird...

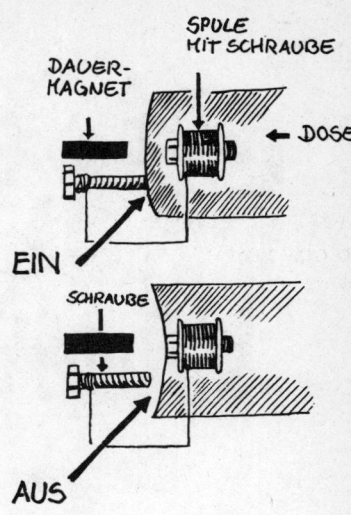

Der Schall aus einer Pauke
entsteht, weil die Pauken-
haut kräftig bewegt
wird.
Muskelkraft ist es, die diese
Membrane in Schwingungen
versetzt. Der Schall aus
einem Lautsprecher entsteht
ebenso durch eine bewegte
Membrane. Bei großen Baß-
lautsprechern kann man das
gut sehen. Nur ist es hier
keine Muskelkraft, sondern
elektromagnetische Kraft,
die die Membrane bewegt.
Genauso funktioniert diese
Dose. Nur hier muß ein kleiner Trick angewendet wer-
den, damit Stromstöße entstehen. Für solche «Strom-
impulse» muß der Strom
eigentlich immer an- und ab-
geschaltet werden, blitz-
schnell natürlich oder es muß
ein Wechselstrom verwendet
werden.
Das An- und Abschalten des
Stromes passiert selbsttätig.
Dabei wird die schwingende
Membrane gleichzeitig als
Schalter benutzt, ein Dauer-

**Durch das selbsttätige Ein- und
Ausschalten kommt die Membrane
in Schwingungen und erzeugt den
Schall.**

magnet hilft dabei. Ange-
schaltet wird der Elektromagnet, weil die äußere
Schraube den Kontakt zum
Blechdeckel herstellt. Dieser
ist, wie auch die ganze Dose,
mit dem Minuspol verbun-
den, die Schraube aber mit
dem Pluspol. Dazwischen ist
die Spule des Elektromagneten geschaltet. Ist der Stromkreis geschlossen, zieht so-

fort der innere Elektromagnet das große Blech zu sich heran. Dadurch aber verliert das Blech den Kontakt zu der äußeren Schraube wieder. Deshalb schaltet der Elektromagnet sofort wieder ab und läßt das Blech zurückschnellen. Doch nun berührt es wieder die Schraube, und der Kontakt ist wieder da. Das Spiel geht von vorn los und so weiter. Blitzschnell geht das alles, so daß es richtig schwingt.

Möglich ist das nur durch den zusätzlichen Dauermagneten, der außen vor dem Blech angebracht ist. Er darf es nicht berühren, sorgt aber bei jeder Stromabschaltung dafür, daß die Membrane auch schnell wieder zurückgezogen wird. Von seinen magnetischen Kräften wird sie nämlich angezogen. Dadurch schließt sich auch der Kontakt, und weil der Elektromagnet stärker ziehen kann als

Die Dose vor der Endmontage.

der Dauermagnet, zieht er
ihm die Membrane wieder
weg. Die zwei Magneten
treiben hier abwechselnd ihr
Spielchen mit der Membra-
ne, und dadurch entsteht
dieser Krach.

Material

Eine runde Konservendose
mit einem Blech- oder Mes-
singboden, kein Alumi-
nium!
Eine dünne Holzplatte als
Grundplatte der Dose,
eine dünne Sperrholzplatte,
die in Länge und Breite in
die Sperrholzdose paßt,
eine Sperrholzplatte wie
oben, aber halbe Länge,
eine Gewindestange, sechs
Millimeter dick und so lang
wie der Durchmesser der
Dose,
zwei Flügelmuttern, sechs
Millimeter, für die Gewindestange
5–10 m dünnen Spulendraht,
je dicker, um so länger muß
er sein!
Eine 6 mm dicke Schraube,
5 cm lang, mit Mutter (für
Spule und Eisenkern),

zwei Plastikscheiben, innen
6 mm, außen 2–3 cm,
ein Eisenwinkel mit zwei
Bohrungen, 6 mm dick (aus
Metallbaukasten oder aus
Lochstreifenblech bie-
gen),
vier Akkus zu 1,5 Volt oder
6 bis 9 Volt Spannung,
50 cm Klingeldraht,
ein starker Dauermagnet,
eine Schraube, 6 mm dick,
3–4 cm lang, mit Mutter,
ein Holzklotz, in der Höhe
des halben Dosendurchmes-
sers, 3 cm breit,
1 m Wäschegummiband,
vier Paketklammern,
Bespannstoff für die Dose
und langes Gummiband.

Bauanleitung

Das Innenleben der Dose:
Die Spule besteht aus fünfhundert Wicklungen Spulendraht, die auf die 5 cm lange
Schraube gewickelt werden
müssen. Vorn und hinten begrenzt je eine Plastik- oder
Pappscheibe diese Wickelungen. Mit einem Winkel wird
die Spule am Ende der Holzplatte verschraubt, die in der

Mitte der Dose klemmt. So kann sie der Länge nach noch verschoben werden, bis die Schraube kurz vor dem Blech sitzt. Die Holzplatte wird noch zusätzlich durch ein querstehendes Brettchen gehalten. Holzplatte und Brettchen müssen so eingesägt werden, daß sich beide ineinanderschieben lassen und dann im rechten Winkel zueinander stehen. Vor diesem Brettchen hält auch noch eine Gewindestange die Holzplatte fest. Sie steckt in einem Loch, das du in die Platte bohren mußt. Diese sechs Millimeter dicke Gewindestange klemmt sich auch quer in der Dose fest und hält die Holzplatte mit zwei Flügelmuttern fest.

Außen vor der Dose:
Der Holzklotz, der außen vor der Dose den Magneten trägt, darf nur so hoch sein, daß der Magnet genau vor dem Mittelpunkt des runden Blechdeckels steht. Einige

Ein Stoff verdeckt die offene Seite.

Zentimeter unter dem Magneten ist die Einstellschraube mitsamt der Mutter im Holz eingelassen. Dazu stecken ein oder zwei Muttern in einem Loch in dem Holzklotz. So läßt sich die Schraube in den festgeklemmten Muttern vor- und zurückdrehen. Der Holzklotz selbst wird von unten durch die Platte angeschraubt und zusätzlich geklebt. Der äußere Magnet muß so angebracht sein, daß er genau gegenüber von der Schraube der inneren Spule steht.

Die Verkabelung

Ein Kabel von der Spule verläuft zum Pluspol der Akkus, das andere Kabel der Spule wird innen an das Blech angelötet oder festgeschraubt. Vom Minuspol der Akkus führt ein Kabel nach außen an die Einstellschraube, dort wird es angelötet.

So schließt sich der Stromkreis, sobald die Schraube mit dem Deckel Kontakt bekommt.

Mit dem Pieper mußt du die Leitfähigkeit aller Löt- und Kabelverbindungen überprüfen.

Achte darauf, daß der Elektromagnet sich mit seiner Holzplatte in der Dose nicht bewegen kann. Der Abstand zur Membrane darf sich nicht verändern, sonst funktioniert diese Hupe nicht mehr.

Der Walkman für alle

Immer gibt es Ärger, wenn nur ein Walkman vorhanden ist, aber alle Musik hören möchten. Dann müssen sich alle anderen mit den Quältönen begnügen, die der einzige Walkman von sich gibt. Ohne irgendeine zusätzliche Energie kann der Walkman zur zimmerlauten Stereoanlage umgebaut werden, und alle freuen sich. Mit wenigen

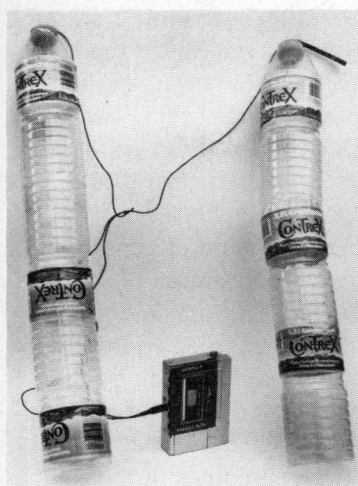

So wird ein Walkman in eine zimmerlaute Stereoanlage verwandelt

viele Trommelfelle erreichen können. Mit zwei Boxen sogar in Stereo.
Die Lautstärke ist für ein Zelt oder einen kleinen Raum ausreichend, aber es ist keine Hifi-Anlage. Auch die Qualität ist nicht mit der des Kopfhörers oder der von Aktivboxen vergleichbar. Dafür kosten diese Lautsprecher nichts, und sie können nach Gebrauch im Plastikcontainer verschwinden.

Handgriffen werden aus leeren Plastikflaschen zwei Boxen gezaubert, die von den normalen Kopfhörern des Walkmans versorgt werden. Dabei werden nur die vorhandenen Schallwellen besser ausgenutzt. Sie wirken nicht auf ein einziges Ohr, sondern auf die Luftsäule der Plastikröhre. Wie von einer großen Lautsprechermembrane breiten sich die Wellen im Raum aus, wo sie

Material

Vier oder sechs Plastikflaschen von Mineralwasser oder Limonade, 1,5 Liter, möglichst außen glatt,
Klebeband,
ein Walkman mit Kopfhörer.

Bauanleitung

Jede Box besteht aus mindestens 2, besser aber 3 großen Plastikflaschen. Den beiden unteren wird sowohl der Boden als auch der Hals mit einer Schere abgeschnitten. Wie Röhren werden sie ineinandergeschoben. Die oberste Flasche behält den Flaschenhals, nicht aber den Boden. Der Hals wird nur so weit abgeschnitten, daß der Ohrhörer mit dem Schaumgummi gut in die vergrößerte Öffnung paßt, aber festklemmt. Mit Klebeband heftest du ihn zusätzlich fest. Keine Angst, deinen Walkman kannst du später wieder normal benutzen. Der zweite Ohrhörer kann ohne Probleme aus der Halterung des Kopfhörers entnommen und wieder eingebaut werden. Bei fast jedem Kopfhörer geht das. Dazu mußt du mit einer langen Spitze die kleine Blechzunge durch die Plastikführung zurückdrücken. Den kleinen Pinn eindrücken und gleichzeitig am Lautsprecher ziehen.

Beachte beim Betrieb, daß die Röhren unten offen sind. Sie sollen einige Zentimeter über einem glatten Fußboden schweben. Am besten werden sie dazu aufgehängt oder angeklebt oder an die Rückseite eines Stuhles gebunden.

Wind als Antriebskraft

Schon die alten Griechen wußten, daß sich die Kraft des Windes in eine drehende Kraft verwandeln läßt. Noch heute stehen in Griechenland Windmühlen, die einst Wasser heraufpumpten oder Mehl mahlten. Auch bei uns im Lande hatte noch zu Anfang dieses Jahrhunderts fast jedes Dorf seine eigene Mühle. Eines haben diese Mühlen alle gemeinsam: Windflügel, die sich durch die Kraft des Windes im Kreis herumdrehen können.

Die Windflügel sind die Voraussetzung, daß sich eine Welle drehen kann, deren Kraft man sich zunutze machen will. Von den Windflügeln hängt es ab, wie gut die Kraft des Windes ausgenutzt wird. Schon mit einem kleinen Modell kannst du feststellen, welche Kraft dahintersteckt. Du kannst sie natürlich später auch nutzen, zum Beispiel, um Seifenblasen zu produzieren. Auch nützlichere Dinge können sie antreiben, solche Beispiele findest du im UMWELT-WERKBUCH (rotfuchs Bd. 376).

Wie ein Windflügel gemacht wird

Windflügel gibt es aus Holz, Metall und Kunststoff. Dieser ist aus Blech, also aus dünnem Metall. Es darf nicht dick sein, damit es sich mit der Allzweckschere gerade noch schneiden läßt. Ein großer Deckel vom Marmeladeneimer ist ebenso tauglich wie ein Stück nichtrostendes Metallblech aus Zink, Kupfer oder verzinktem Blech.

Mit einem Zirkel trägst du einen Kreis mit Durchmesser von fünfundzwanzig Zentimeter auf, so groß muß die Scheibe sein. Dann teilst du

diesen Kreis in acht gleiche Teile.
Entweder mit dem Winkelmesser oder durch Messen der Abstände.
Ein spitzer Nagel oder eine Reißnadel sind notwendig, um die Verbindungslinien auf dem Blech gut sichtbar zu machen.
In den Mittelpunkt wird ein kleines Loch geschlagen. So kann der Bohrer für das vier Millimeter große Loch genauer die Mitte finden.
Um den Mittelpunkt herum ziehst du einen Kreis von acht Zentimetern im Durchmesser.

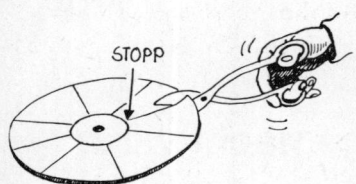

Bis an diese Linie heran reichen die Einschnitte, die du mit einer Blech- oder Allzweckschere machst. Das Schneiden ist nicht ganz einfach, besonders der erste Einschnitt. Versuche beim Schneiden eine Seite hochzu-

biegen und die andere herunter. Hinterher klopfst du mit einem Hammer alles wieder platt.
Nun beginnt die Biegearbeit an den Flügeln. Lege dazu den Flügel an eine Tischkante. Mit einer Hand hältst du den einen Teil davon auf dem Tisch fest, während du einen einzelnen Flügel mit der rechten Hand herunterbiegst. Bis zur Tischunterkante, das sind meistens zwei bis drei Zentimeter, biegst du die äußere Flügelkante herunter. Die hintere Kante des Flügels dreht dabei um das gleiche Maß nach oben, aber diesen Abstand kontrollierst du später. Indem du den Flügel immer weiter drehst, biegst du alle acht Flügel um das gleiche Maß herunter.

Drehst du den Flügel nun um, dann kannst du auf die

gleiche Art die Rückseite überprüfen.

Zum Schluß machst du den Gesamtvergleich. Der Windflügel liegt dazu mit einem Brett bedeckt auf einem Tisch. Das Brett muß nun überall den gleichen Abstand zum Tisch haben.

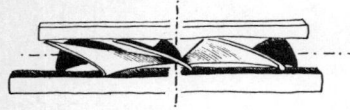

Richtig ist es, wenn dieser Abstand doppelt so groß ist, wie deine Tischplatte dick ist.

Wenn dieser Abstand nicht besteht, dann biege die Flügel entsprechend nach, vor allem gleich hoch müssen sie sein. So hast du die Garantie, daß sie gleichmäßig verdreht sind. Für eine gute Ausnutzung der Windleistung ist das wichtig, aber auch für das Gleichgewicht des Flügels.

Steckst du jetzt eine Achse durch das Loch und hältst sie gegen den Wind, dann wirst du schon deinen Erfolg sehen. Wenn kein Wind ist, machst du welchen, indem du ein paar Meter sehr schnell damit läufst. Dem Windrad ist es gleich, von wem die Windgeschwindigkeit kommt. Damit muß es sich bereits drehen. Leichter dreht es, wenn du hinter dem Flügel eine Holzkugel auf die Achse steckst. Sie verringert die Reibung, auch wenn es nur für einen Test ist.

Das Karussellwindrad

Klimper... rassel... tingel, dieses Windrad kann auch bimmeln. Doch das ist nicht alles.

Sobald ein kleiner Windzug aufkommt, bewegt sich das Windrad. Die Flügel drehen eine Achse, und diese dreht ein Karussell. Dazu läuft ein Gummizug über Rollen um

Das Karussellwindrad in Aktion.

die Ecke herum. In dem Karussell drehen sich die vier Mitfahrer noch mal um ihre eigene Achse. Unter ihnen ist das Gebimmele von Glöckchen und Klimperstreifen. Die unten offene Blechdose vom Karussell verstärkt den Schall noch.

Die Windfahne hat noch ein Geheimnis: Auf der einen Seite hat sie eine Blechscheibe mit drei Öffnungen wie Tortenstücke. Durch sie läßt sich erblicken, was sich hinter dem Deckel verbirgt.

Doch nur bei Wind. Mit fünf Freunden kannst du dieses Windkarussell an einem Tag bauen.

Bauanleitung

Der Rahmen
Vier Dachlatten oder Leisten bis 80 Zentimeter Länge bilden den Rahmen. Sie sollen mindestens 3 Zentimeter hoch und 6 Zentimeter breit sein. An den Eckverbindungen werden sie verschraubt und zweimal auch eingesetzt.

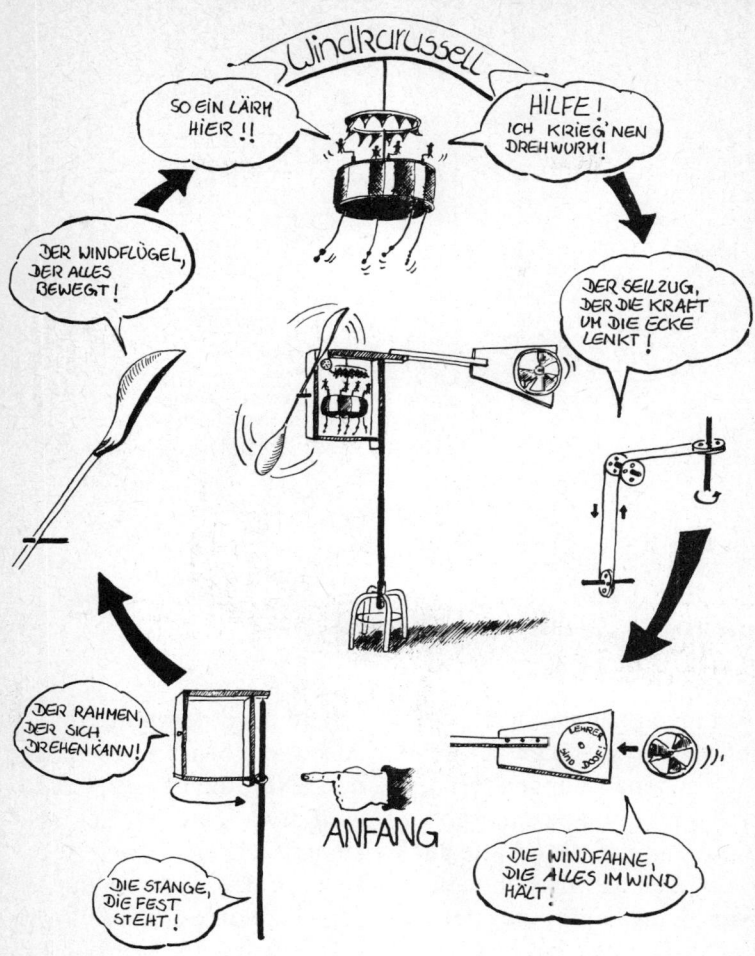

Aus fünf Bauteilen besteht dieses Windrad.

RAHMEN

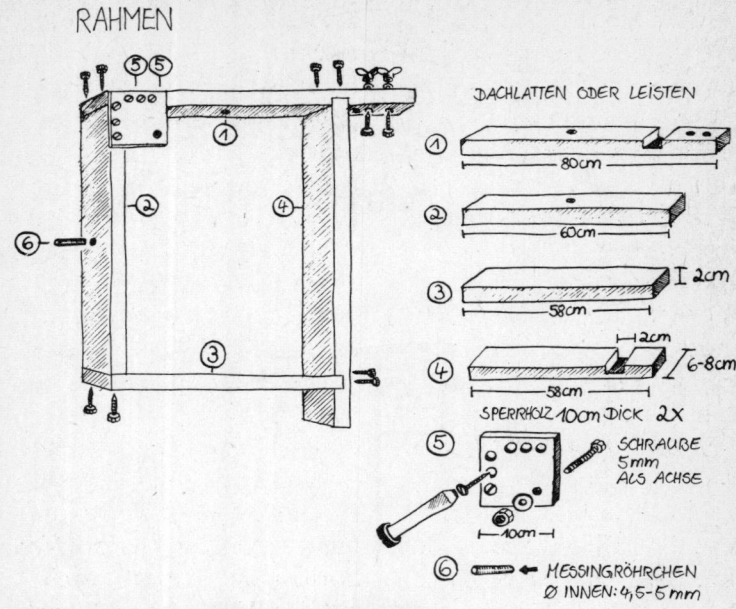

DACHLATTEN ODER LEISTEN

① ——— 80cm ———

② ——— 60cm ———

③ ↕ 2cm ——— 58cm ———

④ ├ 2cm ┤ ↕ 6-8cm ——— 58cm ———

SPERRHOLZ 10cm DICK 2X

⑤ ├— 10cm —┤ SCHRAUBE 5mm ALS ACHSE

⑥ ← MESSINGRÖHRCHEN Ø INNEN: 4,5-5mm

Der Rahmen, der alles trägt und sich dreht

Anfangen kannst du mit dem Absägen der Latten auf die angegebenen Längen. Holz 1 und 4 mußt du zweimal so einsägen, daß eine Latte gerade noch dazwischen paßt. Nur einen Zentimeter tief darfst du einsägen. Mit einem Stechbeitel und Holzhammer mußt du das Holz zwischen den Einschnitten ausstemmen. Dabei liegt die Latte hochkant und muß gut gehalten werden. Am besten von einem Schraubstock. In diese Nut, die nun entsteht, wird das andere Holz eingeklemmt. Zwei Holzschrauben von der Rückseite halten es in der Nut fest. Die Winkel müssen ganz stabil verbunden sein, das ist wichtig.

Nun kommt das Bohren. Zehn Bohrlöcher mit 6mm Durchmesser müssen in die Latten 1, 2 und 4 gebohrt werden. Das Loch im Holz 2 für die Achse muß vielleicht vergrößert werden, das Metallröhrchen muß dennoch fest im Holz sitzen. Mit dem Hammer und einem Holzklotz darunter mußt du es einschlagen.

Die Bohrlöcher müssen einen Zentimeter vor dem Ende der Hölzer sitzen. Du beginnst die Montage mit Holz 4. Das obere Ende fügst du in Holz 1 ein, die untere Nut in das rechte Ende von Holz 3. Damit der Abstand bleibt, klemmst du Holz 2 erst mal dazwischen. Dann gleich die 5 mm dicken und 5 cm langen Holzschrauben hineindrehen, natürlich mit Fett und notfalls auch mit leichten Hammerschlägen.

Zum Schluß nagelst oder schraubst du auf die obere Ecke die beiden Sperrholzbrettchen. Wichtig ist, daß das Loch für die Rolle schon vorher gebohrt ist.

Die Windflügel

Sie sollen leicht anlaufen und dennoch schnell sein. Schnell laufen können nur ein- oder zweiflügelige Windräder. Ein Hebelarm kann Kraft sparen und das Anlaufen erleichtern. Also nehmen wir hier beides. Zwei Flügel, die an zwei Hebelarmen eine Mittelachse drehen. Natürlich ist es ein Rohr, in dem die beiden Flügel stecken. Ein Kupferrohr, nicht länger als 40 cm, wird genau in der Mitte mit vier Millimeter durchgebohrt. Die Bohrstelle kann vorher mit dem Hammer eine Delle bekommen, das erleichtert das Vorkörnen und bohren. Auch auf der Rückseite muß nach dem Bohren das Loch eingedellt werden. Nachdem durch dieses Loch die 4 mm dicke Stahlachse geschoben wurde, werden zwei große Lüsterklemmen in die beiden Dellen gegen die Achse geschoben. Über Kreuz gewikkelter und fest verdrehter Draht hält das Rohr mit der Mittelachse fest zusammen. Sie gibt die Kraft als Drehbewegung für die nächste Seilrolle hinter dem Holzrahmen weiter.

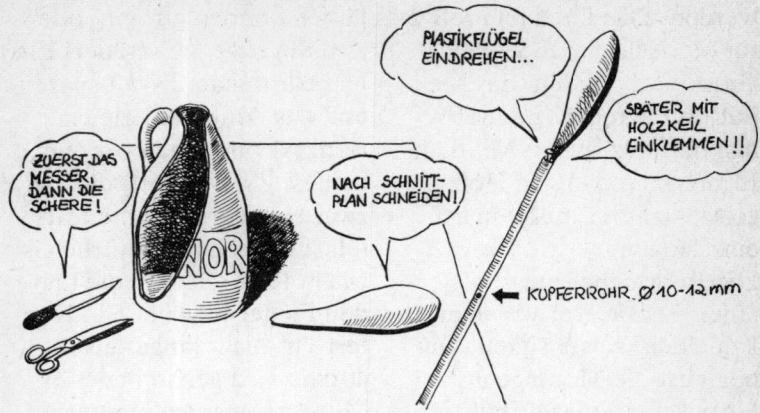

Die beiden Plastikflügel werden auf eine Stange gesteckt

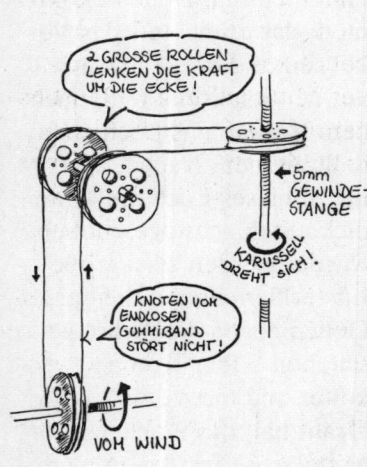

Der Seilrollenantrieb, der die Kraft der unteren Rolle zur oberen überträgt, um das Karussell zu drehen.

Die Flügel stammen aus einem Plastikkanister für Reinigungsmittel. An einer Stelle des Behälters mit leichter Wölbung mußt du die Flügel nach einer Form aus Papier ausschneiden. Den Flaschenhals drückst du so zusammen, daß er innen in das Kupferrohr paßt. Gut drei Zentimeter schiebst du es hinein, das reicht. Dennoch wirst du es noch drehen können, für die Einstellung der beiden Flügel ist dies wichtig. Von der Seite siehst du einen Flügel halb von hinten, während du den anderen halb von vorn siehst.

Doch nachstellen kannst du später noch.

Nun kann der Windflügel mit der Achse in den Rahmen gesetzt werden. Als Abstandhalter dienen Holzkugeln und Scheiben, wie auf der Zeichnung. Die Holzkugeln aus dem Bastelbedarf müssen nicht fest auf der Achse sitzen. Die eingefettete Achse muß sich in dem Metallrohr auch ganz leicht drehen. Etwas wackeln darf's schon, aber nicht verkanten.

Die Seilrolle mit 4 mm Loch kann aus einem Metallbaukasten (großes Rad ohne Reifen) stammen, dann hat sie eine Klemmschraube für die Achse.

Bei Plastikrädern oder Dosendeckeln ist das Anklemmen schwieriger, notfalls rechts und links vom Deckelloch eine Lüsterklemme anbringen für Klemmschrauben. Die Achse darf nur wenige Millimeter wackeln, sonst hält sich das Gummiseil nicht auf der Rolle.

Das Karussell

Was du hier benötigst, ist schnell beschafft. Eine große, aber nicht zu hohe Blechdose mit Deckel und einen kleineren Blechdeckel. Die großen flachen Keksdosen (über 15 cm) sind ebenso günstig wie der Deckel eines Honigeimers (17 cm).

Die große Dose wird umgedreht als Karussell benutzt, der kleinere Deckel schwebt als Dach darüber. Dazu brauchen beide kleine Veränderungen. Der Boden der Dose wie auch beide Deckel benötigen zunächst genau in der Mitte ein Loch. Da ist es gar nicht so einfach, die Mitte zu finden. Mit dem Zirkel geht es. Bevor das Loch mit einem Körner oder spitzen Stahlnagel durchgeschlagen wird, muß das Blech auf einer festen Holzunterlage liegen, sonst beult es aus! Die Löcher nur so weit aufstechen, bis eine 5-mm-Achse knapp durchgeht.

In dem Loch der großen Dose, mit Boden nach oben, wird die 40 cm lange Gewindestange festgeschraubt.

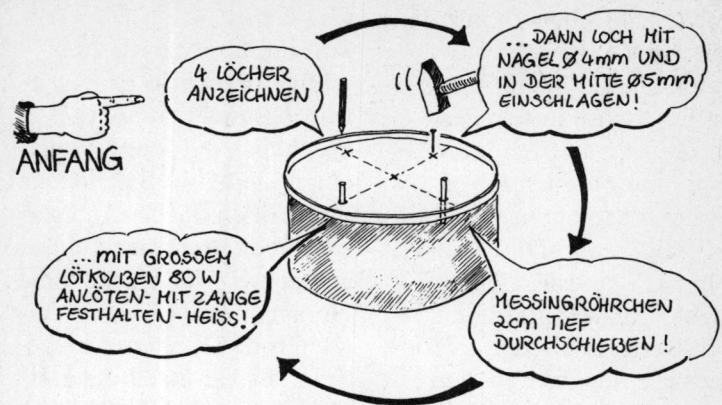

In die große Dose werden die Röhrchen für die drehbaren Figuren eingesetzt.

Zwei Muttern mit zwei Scheiben müssen fest gegen das Blech verschraubt werden.

Vier weitere Löcher am Außenrand der Dose sind für die Metallröhrchen. In diesen stecken die Schwingarme, an denen die Karussellpuppen befestigt sind. Die Röhrchen, aus Kupfer oder Messing, müssen eingelötet werden. Da hier viel Wärme vom Blech abgeleitet wird, ist ein großer Lötkolben notwendig. Notfalls zum Vorwärmen von unten. Das Lötzinn muß gut durchlaufen

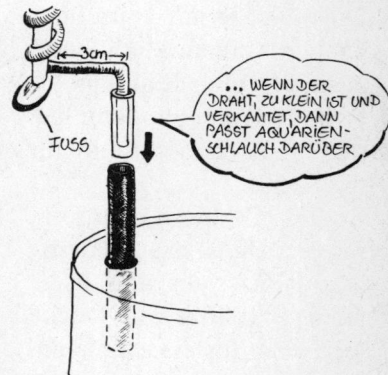

In den Röhrchen stecken drehbar die Figuren mit einem Draht.

und schnell erkalten – pusten. Nur mit der Zange darf das Röhrchen beim Löten

Mit einer Gewindestange ist das Karussell mit dem oberen Deckel und der Seilrolle verbunden.

gehalten werden – und na-
türlich gerade. Durch weitere ganz kleine Löcher am
Rand des Deckelbodens sind
die Bindfäden für die Glöckchen und Bimmelbleche zu
verknoten. Soviel du willst,
kannst du anhängen, nur die
Gewichtsverteilung muß
etwa stimmen.
Außen braucht die Dose
noch ihre Farbstreifen oder
Bemalung. Glanzpapier auf-
kleben ist einfacher, doch
mit Ölfarbe wirkt es natür-
licher.
Die Befestigung der drehbaren Puppen ist mit festem,
aber mit der Zange biegba-
rem Draht am einfachsten.
Der Schwingarm soll nicht
länger als drei Zentimeter
sein. Der Knick muß scharf
gebogen sein, sonst klemmt
er beim Drehen.
Für den oberen Deckel betä-
tigst du dich wieder als
Blechschneidekünstler. Wie
auf der Zeichnung trägst du
um das Loch herum ein
Zwölfeck auf. Vorsichtig
mußt du mit einer spitzen
Allzweckschere das Loch er-
weitern und einschneiden.

**Der obere Deckel hat zwölf
Zacken.**

Schneide so, daß du immer
links von der Schere das
Blech hochbiegen kannst.
Das erleichtert das Schneiden. Vorsicht beim Umbie-
gen der Blechstreifen, Pfla-
ster sollte in der Nähe liegen.
Als Halterung des Deckels
reicht eine fünf Zentimeter
breite Leiste, die hinten und
vorne etwas über den Deckel
ragt. In der Mitte des Brettes
ist ein Loch zu bohren,
durch das die lange Gewindestange (5 mm) gesteckt
wird. Verschraubt wird das
Brett von beiden Seiten mit
zwei Muttern. In kurzem
Abstand über dem Deckel
muß ein weiteres Seilrollen-
band befestigt werden. Es
kann aber auch der Deckel
selbst als Seilrolle benutzt
werden, wenn er eine Lauf-

rille hat, in der das Gummiband nicht abspringen kann. Am einfachsten geht es mit einem Plastik- oder Metall-Laufrad aus dem Bastelbedarf. Auch dieses Rad darf sich nicht auf der Achse drehen, es soll sie drehen. Jetzt kann die Achse samt Karussell durch das obere Loch des Rahmens gesteckt werden. Zwei Scheiben und gekonterte Muttern halten die Achse fest, an der das ganze Karussell hängt. Damit es sich leichter dreht, liegt wieder eine Kugel mit zwei Scheiben dazwischen. Am leichtesten aber dreht es sich mit einem Kugellager, das in dem oberen Holzbrettchen sitzt.

Der Seilrollenantrieb
Er vermag am meisten Kraft zu stehlen. Sobald die Rollen nicht leicht laufen, schleifen sie. Das kostet Kraft. Auf einer Schraube drehen sie gut, sofern sie nicht seitlich eingeklemmt werden. Diese steckt als Schraube fest in der Holzplatte (Nr. 5) und ist an ihr verschraubt.

Der Abstand zwischen den beiden oberen Laufrädern muß ungefähr dem Durchmesser des unteren Laufrades entsprechen, sonst springt das Gummiseil ab. Nach der oberen Hälfte dieser Umlenkräder muß die Höhe des waagerechten Rades auf der Gewindestange eingestellt werden, sonst springt das Seil dort ab. Auch diese Rolle wird mit Muttern gesichert. Ja, das Einstellen ist ein Seiltanz, kann aber vorher sehr gut durch das Drehen am Flügel getestet werden. Das endlose Gummiband darf nicht strammgezogen werden, das kostet Kraft. Am besten das Band herumlegen, locker anziehen und einen Knoten machen. Ein kleiner Knoten stört hier nicht, solange alle Räder genügend groß sind. Nun muß sich bei der Drehung des Flügels auch das Karussell drehen.

Die Windfahne
Die große Windfahne hat hier drei Zwecke zu erfüllen. Sie dreht das Windrad in den

Wind. Sie dient als Gegengewicht für das gesamte Windrad und hat noch ein kleines Windrad an der einen Seite.

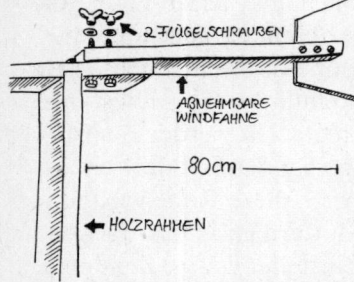

Die Windfahne ist abnehmbar.

Abnehmbar muß sie sein, sonst läßt sie sich nicht mehr transportieren. Dazu ist sie mit zwei Schrauben am vorderen Rahmen befestigt. Hinten ist die Windfahne in einen eingesägten Schlitz zehn Zentimeter weit eingeschoben. Quer durchgesteckt, halten zwei Schrauben mit Muttern die schwere Windfahne fest. Es darf nichts wackeln.

Für das Bilderkino wird dem großen Deckel ein Sechseck aufgezeichnet oder eingekratzt. Drei Dreiecke schnei-

Die Windfahne hat noch ein Bilderkino.

dest du davon so aus, daß jeweils eine Längsseite stehenbleibt. Das dreieckige Stück zurückbiegen und auf halbe Breite abschneiden. Durch die so entstandenen kleinen seitlichen Flügel dreht der Wind die Scheibe. Hinter der Scheibe kannst du ein Bild verstecken oder jene Notizen, die nicht für jeden sind und nur bei Wind zu sehen sein sollen. Auch dieses Rad steckt auf einer im Holz der Windfahne festgeschraubten Schraube und dreht gegen eine Scheibe und Holzkugel.

Die Befestigungsstange
Nicht größer, als der Erbauer so eines Windrades groß

ist, sollte sie sein. Sonst sieht niemand etwas, und keiner kann mehr reparieren. Diese Stange wird fest in den Boden gehauen oder an einer anderen Stange befestigt, zum Beispiel am Gartenzaun. In die obere Spitze der Stange ist eine kleine Schraube mit halbrundem Kopf eingeschraubt. Dieser Schraubenkopf ist der Drehpunkt, auf dem sich das Windrad mitsamt dem Holzrahmen um die Stange herumdreht. Deshalb muß die Stange auch unten noch mal mit einer Öse aus dickem Draht gehalten werden. Das Windrad kann sich nun immer nach dem Wind drehen und die besten Winde nutzen.

Wo man Bauteile kaufen kann

Die meisten Bauteile, die Ihr für die Beispiele im Buch braucht, bekommt Ihr in den Bastelabteilungen von Spielwarengeschäften, im Bastel-, Modellbau- und Elektronikfachhandel. Eine andere Möglichkeit, an die notwendigen Dinge heranzukommen, gibt es, wenn Ihr Euch an einen Versandhandel wendet, der nach schriftlicher oder auch telefonischer Bestellung meistens innerhalb von drei Tagen liefert.
Bestellt wird anhand eines Katalogs, der fast immer kostenlos ist. Ruft doch einmal bei einer der folgenden Firmen an und bestellt Euch einen Katalog, aus dem Ihr dann Näheres erfahren könnt:

Firma Völkner – Elektronik
Postfach 53 20
3300 Braunschweig
Tel. 0531/87620
Diese Firma hat auch Verkaufsniederlassungen in Braunschweig, Hannover, Hamburg, Bremen, Dortmund, Bielefeld, Köln, Frankfurt, Stuttgart.

Firma Conrad – Elektronik
Klaus-Conrad-Str. 1
8452 Hirschau
Tel. 09622/30-111
Diese Firma führt auch gute Fachbücher im Prospekt.
Läden sind in Berlin, Hamburg, Essen, München, Nürnberg.

Radio Rim GmbH
Bayerstr. 25
8000 München 2
Tel. 089/551702
Diese Firma hat nur in München eine Niederlassung.

Firma Gräf
Werklehrmittel
Hirschbaumstr. 26
8580 Bayreuth/Wolfbach
Tel. 09209/508
Diese Firma nimmt Bestellungen nur über den Katalog entgegen.

Firma Graupner
Bei dieser Firma wird nur über Katalog bestellt, und der Katalog ist in Fachgeschäften zu finden.

Danke

An dieser Stelle möchte ich allen danken, die mir mit viel Geduld geholfen haben beim Bauen und beim Basteln, und so dazu beigetragen haben, daß dieses Buch entstand. Besonders danke ich

den Schülern des 9. Jahrgangs an der Robert-Bosch-Schule in Hildesheim, die mit Solarenergie und Magnetismus erfolgreich experimentierten,

Martin Gelfert aus Hildesheim, der oft mit Tips und Material zur Stelle war,

Fabian Röhrs und Jan und Kai Wucherpfennig für ihre Mithilfe bei den Fotos und beim Basteln,

den canarischen Schülern der Grundschule Colegio Borbalán auf Gomera/Spanien, für ihre Mitarbeit und der Schulleitung für die Bereitstellung des Physiklabors.

Umwelt-
geschich-
ten

Peter Wucherpfennig
**Umwelt-
Werkbuch**
Mit Tricks und Experimenten
der Natur auf der Spur

Alle reden vom sauren
Regen, von Recycling,
Biobrot, von Sonnen-
energie und Windkraft.
Aber wer weiß wirklich
Bescheid? Mit Tips und
Tricks, mit Rezepten,
Bauanleitungen und
Experimenten kommen
wir hier der Natur auf
die Spur.
Band 376/ab 12 Jahre

Peter Wucherpfennig
**Energie-
Werkbuch**
Basteln mit sanfter Energie
für Kinder

In so einer Glühbirne ist
ganz schön was los. Tronis
Geisterfahrt durch den
Wolframdraht läßt sie
leuchten. Aber es geht
hier nicht nur um Strom,
sondern auch um Sonne,
Wind und Wasser. Für die
Energiebasteleien vom
Sonnensegler bis zur Sei-
fenblasenmaschine
braucht ihr keine Vor-
kenntnisse.
Band 468/ab 8 Jahre

Harald Tondern
NOAH
Rettet die Luft

Die Norddeutsche Kraft
& Licht AG feiert den
zwanzigtausendsten
Anschluß an ihr Fern-
wärmenetz. Aber die
Umweltschutz-Initiative
NOAH verdirbt die
Presse-Show. In Over-
alls und mit Gasmasken
erklettern Jürgen und
Michael zwei Schorn-
steine. Die Kraftwerk-
betreiber müssen
reagieren. . .
Band 432/ab 14 Jahre

Holger Strohm
**NATUR
KAPUTT?**
Ein Umwelt-Buch

Alles wird giftiger: die
Luft, die wir atmen; die
Nahrung, die wir essen;
das Wasser, das wir trin-
ken. Die Natur wird immer
kränker und wir auch.
Holger Strohm zeigt
nicht nur, welche Ge-
fahren um uns herum
lauern, er nennt auch
die Ursachen und die
Schuldigen. Er schlägt
vor, was der Staat und
jeder einzelne tun
können.
Band 256/ab 12 Jahre

Marie Marcks
**Wer hat dich, du
schöner Wald . . .**
Bildgeschichte

Der Wandertag führt die
Schüler in den Wald.
Aber bald werden sie
sauer: Zwischen den
Bäumen, die in Reih und
Glied stehen, können sie
sich nicht richtig ver-
stecken. Also ab in den
Mischwald. Doch der ist
schon abgeholzt. Den
Kindern dämmert's,
und sie tun etwas. . .
Auswahlliste zum Deut-
schen Jugendliteratur-
preis. Band 326

Ilse Ibach
**Fisch und Frosch
und Wasserfloh**
Till baut einen Teich

Zuerst lachen alle über
Till, weil keiner es glau-
ben kann. Aber dann ent-
steht nach und nach auf
einem vorher ganz un-
nützen Plätzchen im
Garten ein wunderschö-
ner Teich – Treffpunkt
für Fisch und Frosch und
Wasserfloh, und den
hat Till (fast) ganz allein
angelegt.
Band 411/ab 8 Jahre
Großdruckschrift

Marie Marcks
**"Die
paar Pfennige!"**
Bildgeschichte einer
verschwenderischen Familie

Eine kritische Bildge-
schichte über Umwelt-
probleme und über alter-
native Lebensweisen
und die Schwierigkeiten,
diese zu verwirklichen
– im Großen wie im
Kleinen.
Band 208/ab 10 Jahre

rotfuchs Auswahl ab 12 Jahre

Felicitas Naumann
Den Vater denk ich mir

«Ich will und brauche keinen Ersatzvater!» Eigentlich ist der neue Freund seiner Mutter ja ganz in Ordnung, aber so leicht will Mark es ihr nicht machen. Schließlich ist er nicht gefragt worden, als seine Eltern sich vor fünf Jahren scheiden ließen. Ein Buch nicht nur für «Alleinerzogene». Band 418

Emer O'Sullivan
Dietmar Rösler
Mensch, be careful!
Eine deutsch-englische Geschichte

Ein irisches Schiff mit einer salzigen, stinkenden Fracht macht fest in Emden. Edzard, Ostfriese, hat schnell heraus, was sich hinter dieser scheinbar alltäglichen Hafenszenerie verbirgt: Juwelenschmuggel per Fisch! Ein spannender Krimi in englisch-deutschem Sprachmischmasch. Band 417

Max von der Grün
Friedrich und Friederike
oder
Ist das schon die Liebe?
Geschichten

Friedrich und Friederike leben da, wo auch die «Vorstadtkrokodile» zu Hause waren: am Rande Dortmunds. Die beiden Fünfzehnjährigen bestehen ihre Abenteuer mit Mut und Einfallsreichtum. Doch ist das noch die alte Kinderfreundschaft? Unmerklich fast ist da etwas Neues zwischen ihnen: Mal zärtlich und vertraut, mal spröde und fremd stehen sie plötzlich einander gegenüber. Band 391

Jan de Zanger
Ich geh nach Wladiwostok
oder
Ich bin nicht so wie du

Freek und Bart sind unzertrennliche Freunde. Während der Sommerferien in Dänemark gesteht Bart dem Freund, daß er ihn liebe. Er wisse jetzt, daß er homosexuell sei. Freek reagiert heftig und trennt sich von Bart. Als die Schule beginnt, ist Bart nicht da. Freek fühlt sich schuldig und macht sich auf die Suche . . . Band 427

–ky
Geh doch wieder rüber!
Jana weiß nicht, wohin sie gehört

Jana ist mit ihren Eltern von Ost- nach West-Berlin gekommen. Sie hat es schwer, von der eher solidarischen Welt der DDR in die eher individualistische Welt der BRD überzuwechseln. Sie trauert ihren Freunden und ihrer Heimat nach und merkt, daß sie erst den halben Schritt getan hat. Band 415

Heinz Knappe
WOLFSLÄMMER
Hava und Jörg
dürfen nicht Freunde sein

In der alten Bergwerkssiedlung ist das Leben nicht mehr friedlich. Die einen sind noch keine richtigen Grauen Wölfe, die anderen noch keine ausgewachsenen Werwölfe. Sie sind erst die Brut. Auch Hava und Jörg geraten in den Sog der Auseinandersetzungen. Band 442

Nikolai Dementjew
Eingeschlossen
Ein Tag
in einer belagerten Stadt

Winter 1941/1942: Leningrad wird seit vier Monaten belagert. Es gibt kein Brot, das Trinkwasser muß aus der vereisten Newa geholt werden, das Leben ist schrecklich mühsam. Aus der Erinnerung an sorglose Tage schöpft Pascha die Kraft, den Tag zu überstehen. Gustav-Heinemann-Friedenspreis 1985. Band 380

C 2288/1

Berichte und Reportagen ab 12 Jahre

Norbert Ney (Hg.)
Sie haben mich zu einem Ausländer gemacht...
ich bin einer geworden

AUSLÄNDER SCHREIBEN VOM LEBEN BEI UNS

Sie erscheinen in den Statistiken, von ihnen ist in Artikeln und Sendungen die Rede. Wie es den ausländischen Menschen geht, danach fragen nur wenige. Wie fühlt man sich als Grieche hier? Oder als Türke? Muß man sie nicht, um Vorurteile zu überwinden, erst einmal kennenlernen? Band 353

Volker Bräutigam
Die Tagesschauer
Ein Tagesschau-Redakteur berichtet

Fünfzehn Millionen Menschen in unserem Land sehen jeden Abend die Tagesschau. Für viele ist sie die einzige Nachrichtenquelle. Kann man das tägliche Weltgeschehen auf 15 Minuten Sendezeit zusammenstreichen? Wie arbeitet die Tagesschauredaktion? Band 302

TOTAL VERKNALLT
EIN LIEBESLESEBUCH

Geschichten vom großen Herzklopfen, von Traumtypen, Idolen und Vorbildern, vom Fühlen und Kennenlernen, von Schönheit und Angst, von Liebe und Schmerz. Band 356

HEISSE JAHRE
DAS DING MIT DER PUBERTÄT

HERAUSGEGEBEN VON MATTHIAS FRINGS & ELMAR KRAUSHAAR

In unserer Gesellschaft, wo Veränderungen eher mißtrauisch beäugt werden, ist es nicht verwunderlich, daß die Zeit der Pubertät mit Argwohn beobachtet und mit Horror erlebt wird. Dabei könnte sie aber auch eine Quelle der Lust sein. Die Pubertät bietet einen Freiraum und läßt das Experiment noch zu. Band 345

Manuel O./Ingeburg Kanstein
Abhauen – die letzte Chance?
Geschichte einer Flucht

Plötzlich steht Manuel vor Ingeburgs Wohnungstür. Abgehauen. Geflüchtet aus einem unerträglich gewordenen Elternhaus, einem Vater entlaufen, der von seinem Sohn zuviel verlangte. Aber ist die Flucht eine Lösung und darf Manuel seinem Vater Vorwürfe machen? Auch der neue Lebenskreis bringt Probleme, nicht nur für Manuel. – Der unverfälschte Bericht eines Vierzehnjährigen. Band 155

Dorothee Sölle
Fulbert Steffensky
Nicht nur Ja und Amen
Von Christen im Widerstand

OHGOT T OHGOTT

Erzählungen und Berichte von Menschen, die ungehorsam der Kirche und dem Staat gegenüber waren aus christlicher Moral heraus. Die Geschichten sollen zeigen, welche Rolle die Kirche und ihre Funktionäre in der Politik spielten und heute noch spielen und wo im Christentum der Widerspruch gegen die Lebensfeindlichkeit unserer Gesellschaft verankert ist. Band 324

Hellmut G. Haasis
Mit List und Tücke
Wie kleine Unruhestifter große Herrschaften das Fürchten lehrten

Eine Sammlung von spannenden Geschichten, die von Männern handeln, die mutig oder verwegen wie Störtebeker waren, aber nicht so berühmt geworden sind. Die sich nicht mit Gewalt, aber mit Witz und List und Tücke gegen die Obrigkeit zur Wehr setzten. Band 346

C 2291/1